潜望鏡上げ

潜水艦艦長への道

内敏秀

【目 次】

写真・図提供：指定以外海上自衛隊

艦長交代

「2等海佐吉田秀隆、ただいまから指揮を執る」

艦長交代行事の最後である乗員への訓辞において、秀隆はまず潜水艦の指揮権を継承したことを宣言した。

法的に見れば、秀隆の指揮権は発令日の午前0時をもって発生している。この宣言は帆船時代のイギリス海軍以来の伝統なのかもしれない。

アレグザンダー・ケントの「ボライソー・シリーズ」やセシル・スコット・フォレスターの「ホーンブロワー・シリーズ」にも描かれているように、帆船時代のイギリス海軍では新任の艦長が乗艦して最初に行うことは、全乗員を集め、艦長発令の命令書を読み聞かせることであった。

現在のアメリカ海軍でも指揮官交代行事の中心をなすのは新旧指揮官による発令電報の読み上げである。

日本海軍でも同じであった。手塚正巳氏の『軍艦武蔵』（新潮文庫）には、武蔵の竣工（しゅんこう）引き渡し式において初代艦長の有馬馨大佐が「海軍大佐有馬馨、只今から軍艦武蔵の指揮を執る」と宣言する情景が描かれている。

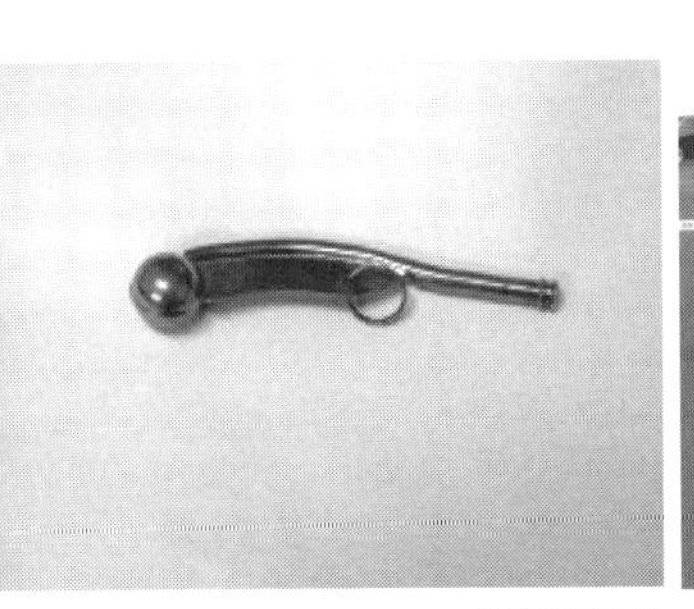

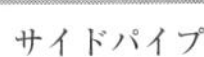
サイドパイプ

出　迎　え
（水艦隊司令官に対する出迎え）

艦長交代行事を含め海上自衛隊における指揮官交代行事は陸上自衛隊や航空自衛隊とは異なる文化を持っている。

海上自衛隊の規則では指揮官の交代行事のあり方について、その指揮監督を受ける者が着任者に対し各個にその職名及び氏名を申告する挨拶を行うほかは、儀式の執行者が定めるとされている。

したがって、艦長の交代行事の細部は日々命令と呼ばれる命令に示され、旧艦長の乗員に対する離任挨拶、新しい艦長の出迎え、新旧艦長の間で行われる申し継ぎ、前艦長の見送り、幹部挨拶、艦内点検、分隊点検と訓辞から成るのが一般的である。

秀隆は交代の日、示された出迎え時間に間に合うように通常礼装に着替え、潜水艦が係留している岸壁から少し離れたところにある潜水隊司令部で待機していた。そして、隊付からの、

「艦長、車の用意がよろしい」

という連絡を受けて司令部庁舎前から公用車に乗り込んだ。

岸壁では当直士官と上甲板(じょうかんぱん)当直員、艦内当直員を除く副長以下全乗組員が通常礼装に威儀を正して、幹部、海曹士に分かれ

て整列している。

海曹士の整列位置の最右翼に号令官の幹部が配置され、海曹士の左翼側が舷梯(げんてい)に最も近い位置になっている。

前任の艦長は幹部の整列位置から少し離れた車の停車位置で秀隆の到着を待っていた。

秀隆は降り立つと前任者に着任したことを告げ、前任者に促され、整列する全乗員の前を進んで、艦に向かう。

海上自衛隊では幹部に対して号令をかけないことから副長以下、幹部は各個に挙手の敬礼をしつつ目迎目送をもって秀隆を出迎える。

秀隆が海曹士の整列位置のおおむね右45度に達した時、号令官は「頭、右」の号令をかけ、海曹士は部隊の敬礼をもって秀隆を迎えた。秀隆は一旦足を止めて、挙手の敬礼をもって答え、答礼しつつ海曹士の列の前を進んで行った。秀隆の移動に合わせ、海曹士はそれぞれ、目迎目送を行う。

秀隆が、海曹士の列の前をほぼ通り過ぎかけた時、潜水艦の上甲板当直員がサイドパイプの第一声を吹き始めた。

サイドパイプというのはホイッスルとは異なり、細い金属の管の先に切りかけのある金属の球が付いているもので、この球の部分を掌で包むようにして保持し、吹鳴(すいめい)する笛の一種である。号笛(ごうてき)とも言われ、球状の部分の上に開いている穴を開いて吹く時に出る「ホー」とい

サイドパイプの吹鳴（開音）

サイドパイプの吹鳴（閉音）

う音と閉じた時に出る「ヒー」という音を組み合わせて色々な場面で使用されている。

海上自衛隊の礼式では司令官、群司令、隊司令、艦長の着任及び離任の際に送迎の吹鳴が行われる。秀隆を迎えたサイドパイプの音色は「ホーーー、ヒーーー、ホーーー」という長い開音、長い閉音、長い開音という組み合わせの送迎譜である。この送迎譜は、司令官、群司令、隊司令がその指揮下にある艦艇を出入りする場合及び1佐である艦長がその乗艦を出入りする場合にも使用される。

また、同時に艦長の離着任の時には、海士4名からなる舷門（げんもん）と列員が配置される。

幹部、海曹士の出迎えを受けた秀隆はサイドパイプの送迎譜に迎えられ、一斉に挙手の敬礼をする舷門と列員に答礼しつつ、潜水艦の甲板に立った。

士官室に入った秀隆は前任の艦長から申し継ぎを受ける。

もちろん、現在の艦の状態、乗員の状況、問題点、懸案事項など細かな申し継ぎは事前に受けているが、交代行事中では正式な申継書に署名捺印して申し継ぎが行われる。

その中で最も重要な事項は、国有財産としていくらの価値のある潜水艦を引き継ぎしたかを明らかにすることである。

申し継ぎが終了し、出迎えとほぼ逆の順序で前任艦長を見送り、士官室に戻って一息入れると船務長が、

「艦長、交代完了の電報の決済をお願いします」

と、電報起案用紙を持って来た。艦長が交代したことを指揮系統上の上官に報告する電報である。

秀隆は艦長欄に捺印した。これが艦長として決済する電報の第1号である。

「艦長、発電日時は今の時間でいただきます」

「了解、願います」

起案用紙を持って船務長が電信室へ出て行くのと入れ替わりに、補給長が、

「艦長、幹部挨拶の準備をさせていただきます」

と言って、テーブルの上にグリーンの敷物を広げ、挨拶者名簿を艦長立ち位置の前に整えていった。

士官室係がコーヒーカップを下げると、副長が入って来て、

「艦長、幹部挨拶をお願いします」

と報告して来た。

潜水艦の幹部の定員は10名とされているが、通常は艦長以下9名である。したがって、幹部挨拶の時は副長、機関長、船務長、水雷長の4名と補給長、機関士、電機士（電機担当の機関士をこう呼び習わしている）、船務士の4名とに分かれるのが普通である。

副長以下最初の4名が発令所と士官室の間にある防水扉を通って士官室に入って来る。前にも言ったように海上自衛隊では幹部に対して号令をかけないので、副長以下は動作を合わせて停止し、左向け左をする。

まず、副長が半ば左向け左をして秀隆に正対し、室内の敬礼をした後、

「副長兼航海長　吉沢仁」

と申告し、敬礼をした後、元の姿勢に戻る。

機関長以下も同じように申告し、終わると4名は動作を合わせて右向け右をして士官室を出て行く。それに合わせて補給長以下が入って来て、同じ要領で幹部挨拶を行う。

幹部挨拶の後に行われるのが分隊点検である。

分隊点検というのは分隊の威容、分隊員の服装容儀（ようぎ）、健康状態を点検し、士気及び規律の現状を確認するとともに教育訓練の成果を評価するもので、部隊では指揮官の交代行事や訓練検閲の際に実施されるものである。

艦内で幹部挨拶が行われている間に乗員は分隊ごとに岸壁に整列を完了しており、幹部挨拶が終わった各幹部は自分の分隊の最右翼に整列する。

分隊点検
艦長に対する分隊長の申告

訓辞

岸壁に下りた秀隆に副長が、

「分隊点検をお願いします」

報告するのを受けて秀隆は、

「分隊点検」

と令した。秀隆の命令を受けて、航海科員が分隊点検のラッパを吹奏する。吹奏が終わると、先任伍長が進み出て、秀隆に敬礼し、

「先導します」

と報告し、各分隊の方へ秀隆を先導して行く。

最初の第1分隊に近づくと

「てんけーん」

と先触れを行う。丁度、大名行列の「下にー、下にー」というのに似てなくもない。

秀隆が第1分隊長である水雷長のおおむね右45度付近に近づくと、第1分隊長は

「頭ー、右。第1分隊、水雷科。直れ」

と号令をかけ、その後秀隆に正対して、

「総員12名、現整列員10名」

と申告する。そして、点検官である秀隆に背を向けないようダンスのステップのような足の運びで先導の位置に付き、前列右翼に並んでいる賞詞(しょうし)受賞者を紹介する。

「2等海曹　東健吾、職務精励(せいれい)により第4級賞詞受賞」

「海士長　田川祐介、事故未然防止の功績により第5級賞詞受賞」

以後、分隊長の先導で第1列の前面と後面、第2列の前面、後面を点検し、同じ要領で船務・航海科の第2分隊、機関科の第3分隊及び経理・補給・衛生科の第4分隊を点検する。

すべての点検を終えた秀隆は、

「分隊点検、終わり」

を令して、士官室へ戻って行った。その間に乗員は訓辞を受ける隊形に移動する。

訓辞において秀隆は勤務方針として3点を掲げた。

第1点は前任者が掲げてきた「和」である。80名近い乗員が長期にわたって閉鎖された潜水艦という空間で勤務し、与えられた任務を遂行する基礎となるのは全ての乗組員の和である。そのことを秀隆は強調した。

第2点は「百般のこと戦闘をもって基準と成せ」を掲げた。これは秀隆が潜水艦教育訓練隊に入隊した時に教えられたことである。

海上自衛隊はわが国が有する海上における唯一の戦闘集団である。幸い、これまでその実力を問われる事態はなく、秀隆以下全員が実戦の経験はないが、全ての業務を遂行するに当

士官室における艦長
奥が艦長、艦長の右手が副長、左手が3席の機関長。艦長の上司である潜水隊司令が乗艦の場合は機関長の位置に隊司令が着席し、1つずつ席をずらすのが潜水艦では一般的である

たり戦闘においてはどうであろうかということを判断の基準に据えておく必要がある。

第3は「ぶるな、らしくあれ」ということである。「ぶる」とは「利口ぶる」の「ぶる」である。「らしく」は「ぶる」に対置される言葉と言えよう。

艦長は艦長らしく、幹部は幹部らしく、先任は先任らしく、海曹は海曹らしく、海士は海士らしくあることを要望した。それはそれぞれの理想とする姿をしっかりと持つことから始まる。

訓辞をもって予定された艦長交代行事の全てが終了し、昼食となった。


士官室で初めてキャプテンズ・シートと呼ばれる艦長の席に座ると、卓長が、

「艦長、食器はこれでよろしかったでしょうか?」

と聞いてきた。

乗り組み幹部は士官室で食事を摂るが、副長以下は補給所から受けた官品の茶碗、湯飲み、箸を使用する。しかし、艦長には専用の食器が士官室の卓費で用意される。

もちろん、秀隆に異論のあろう筈がなかった。ただ、内心、「艦長なんだ」と妙な感慨を覚えた。

潜水艦艦長は、潜水艦記章を授与されてから潜水艦部隊だけではなく他の部隊での勤務、学生など様々な経験を経てようやくたどり着いたあこがれの配置である。

しかし、秀隆もそこに一足飛びに到達した訳ではない。

水雷長

魚雷発射訓練

潜水艦では、いわゆる士(さむらい)配置としての船務士、機関士を終了し、最初に補職される科長配置は水雷長である場合が多い。秀隆も最初の科長配置として水雷長を命じられた。

科長配置は、補職の職と呼ばれこれまでの士配置のように人事発令では「○○乗り組みを命じる」とあるだけで、乗り組んだ艦の艦長から個別の命令として「機関士を命じる」とされるのとは異なり、人事発令で「○○水雷長を命じる」と言われるので何かちょっと階段を上がったような気になる。

潜水艦の水雷長の第一の任務は、その職名が示すとおり魚雷、機雷、ミサイルと発射管に係わるすべての業務を実施することである。

第二は船体の保守・整備について責任を持つことであり、第三に哨戒長として立直することになり、哨戒長として立直中は艦長から操艦を委任される。

魚雷や機雷、ミサイルは他の部隊で精密に調整されて来るので、かつてのように潜水艦の艦内で調整するということは今日ではない。

したがって、水雷長にとって大きな作業は魚雷発射等の訓練と魚雷等の搭載、陸揚げ作業である。

魚雷発射等で実魚雷を発射できる機会に恵まれる水雷長は稀である。秀隆も水雷長の間にその機会には恵まれなかった。

それ以外の発射は、新しく開発された魚雷等の試験発射というのもあるにはあるが、多くの水雷長が経験するのが訓練発射である。

訓練発射というのは魚雷の頭部にある信管、炸薬部分を外し、その代わりに諸データを収集するためのユニットを装着した訓練用魚雷を発射するのである。

訓練発射に備え、水雷長として第一にしなければならないのは発射する訓練用魚雷を後方担当部隊から受け出すことである。このために、予定されている本数分の補給請求を提出する。

次に、潜水艦が係留されている岸壁での搭載を陸上のクレーンを利用するか海上からクレーン船で行うかを決定し、必要な部隊に支援の請求を出さなければならない。

さらに、訓練発射で使用する発射管をどれにするかも決めておかなければならない。

秀隆は魚雷搭載についてその段階、段階で艦長に報告をし、了解を得て準備作業を進め、搭載日を迎えた。

上甲板には搭載用具の準備も整っており、艦内も準備を完了した。

クレーン船と訓練用魚雷を搭載した運荷船が舷側に係留を終わった。

水雷科員が運荷船に渡り、1本目の準備にかかる。

魚雷の重心で吊り上げられるように吊り上げバンドを掛け、頭部と、尾部には魚雷が触れ回ることを防ぐための索を取り付ける。吊り上げバンドをクレーンに掛けると潜水艦の上甲板にいる水雷科の先任に準備完了の合図を送る。

水雷科の先任はホイッスルと手先信号でクレーンの操作員に合図を送り、魚雷を吊り上げ、搭載用具の真上に持って来ると静かに下ろすようクレーン操作員に指示を出す。搭載用具に魚雷が固定されると静かに艦内に下ろされていく。

艦内の魚雷移動装置に乗った魚雷は所定のスキッドと呼ばれる格納場所に移動され、固定される。

同じようにして所定の本数の魚雷が搭載される。

搭載が終われば、片付けということにはなるが、それで終わりというものではない。

搭載した魚雷を発射管に装填しなければならない。

発射管には3つの扉がある。

船形をなめらかにし、雑音の発生を防ぐために設けられた門扉、発射管の外側の蓋（ふた）の役割をする前扉、そして艦内側の扉である後扉である。門扉と前扉は連動して開閉する仕組みになっており、前扉を開けると後扉は開かないように安全装置が設けられている。

事前に水雷科では発射管内を点検し、異物等がないかを確認し、必要な部分にはグリースを塗布するなど装填前の準備に怠りはない。

装填する発射管の後扉が開かれ、魚雷は装填装置によってゆっくりと発射管に装填されていく。

魚雷が所定の位置に装填されると装填装置が離され、潜水艦戦闘指揮装置からの情報や指令を発射管の中にある魚雷に伝えるための電纜（でんらん）が発射管の後扉と魚雷との間に接続される。さらに、有線誘導用のピアノ線のような電線が魚雷に取り付けられ、そのドラムが発射管の中にセットされる。

そして、後扉が閉じられ、定められた確認を行って異常がなければ終了である。発射管後扉に錯誤を避けるため「装填中」の札が掛けられる。

訓練発射において水雷長が最も気にかけていることは、発射した魚雷を無事に回収できるかということである。

訓練用魚雷は使い捨てではない。回収し、整備し直してまた使用するのである。それにもっと大切なことは魚雷頭部に装着してあるシステムに記録された発射に関する色々なデータを回収することである。

今回は海上模様が穏やかであったので秀隆もあまり心配せずにすんだが、それでも目標艦の作業艇からの、

「魚雷を拘束した」

という報告を聞くとほっとした。

入港すると記録されていたデータの解析結果に基づき訓練発射の評価を行って報告書をまとめ、艦長の決裁を得て発簡（はっかん）すれば訓練発射はひとまず区切りがつく。

錆との戦い：船体整備

潜水艦船体の保守整備も水雷長の職責の一つである。

出港前日に行われる航海準備点検として上構チェックを水雷長が行うのも船体が水雷長の所掌（しょしょう）範囲だからである。

上構というのは上部構造物の略で上甲板とセイルから構成される。

上甲板は耐圧船殻（せんこく）である内殻（ないこく）の上に装備され、諸装置保護をするとともに水中抵抗や雑音を低減するために流線型を成している。

セイルは上部前端に艦橋（かんきょう）があり、潜望鏡、アンテナ、マスト類を格納している構造物で、

水中を航走する時に潜望鏡等の後ろ側に渦が生じ、雑音を発生するのを防止している。

上甲板と内殻やメイン・バラスト・タンクの間及びセイルの内側には空間があり、多くの電纜やパイプが通っている。

上甲板の下に入ると内殻の上部、メイン・バラスト・タンクの頂部、ベント弁を見ることができる

この部分は潜航中に海水が入って来るので、入港すると水雷科員が真水で流しているとはいえ、どうしても錆が発生しやすい。あるいは開口部からゴミが入り込んでいるかもしれない。

上構チェックでは普段はなかなか見ることのない上構内の船体の状況、特に腐食の状況を確認する。また、電纜やパイプ類を止めている架台(かだい)などが腐食によって雑音の原因になっていないかチェックする。

錆の破片やゴミがベント弁にひっかかって事故にならないようにこれらを取り除いておくのも上構チェックの目的の一つである。

船体の保守・整備で最も重要なものの一つが修理期間中に潜水艦がドックに入渠(にゅうきょ)した時の点検である。

平素見ることができない水線下の船体、メイン・バラスト・タンクをはじめとする様々なタンクが修理中、特に入渠したときに開放され、点検される。

この各タンクの点検が水雷長の所掌事項なのである。

メイン・バラスト・タンクの点検は通常、入渠した翌日にタンク内の換気が終了したのを確認して、修理全体を統括している機関長の指揮の下で行われる。

2名一組になって割り当てられたタンクに入り、点検する。腐食した箇所があるとマーカーで目立つように印を付けていく。

秀隆が担当したタンクから出て来ると点検を終わって出て来た海曹が、

「水雷長、内殻の頂部に2カ所、気蓄器の取付架台のところに1カ所、腐食が進んでいる部分があります」

「了解。機関長のところにあるボードに詳細を書いておいてくれ」

そう言いつつ、秀隆もボードのところに行って内容を確認する。

「機関長、今、報告のあった腐食個所を見てきます。お願いします」

と言って、水雷科の先任とともに当該タンクに入り、タンク内の部材を利用して湾曲したタンク内を登って行く。

タンク内に装備された高圧気蓄器を取り付けている架台の溶接部付近のマークされた腐食個所を確認する。そこには古いマークも残っている。前回の入渠の際にも腐食があったが修理されなかった個所の一つである。

「先任、思ったより腐食が進んで深くなっているね」

円管服のポケットから腐食計を取り出して、先任が照らす明かりを頼りに腐食の深さを測りながら、声をかけた。

腐食計というのは修理期間における水雷長の七つ道具の一つである。特別なものではなく、ノギスを改造して腐食の深さや幅を測ることができるようにしたものである。

「そうですね。これは監督官に了解してもらって造船所でやってもらいたいですね」

秀隆が読み上げる値をメモしながら、先任が答えてきた。

「頑張ってみるが、厳しいかもな」

秀隆が応じる。

監督官というのは海上自衛隊の造修を担任する幹部自衛官のことで艦船から提出される修理請求を査定し、造船所等へ発注し、修理の実施状況を監督する立場にある。

ただし、艦船の側が希望した修理項目がすべて実施されるわけではない。予算という大きな壁が存在し、その枠の中でやり繰りをしなければならないために必然的に優先順位を付けなくてはならない。どこまで認めてもらえるかは監督官との交渉にかかってくる。

普段見ることができないためドックに入った時に状況を確認し、監督官と交渉しなければならないのはなにもメイン・バラスト・タンクだけではない。

ツリム・タンク、ドレン・タンク、補水タンクなど潜水艦の様々なタンクも対象になってくる。

サニタリータンクもその一つである。

サニタリータンクというのはトイレ、洗面台やシャワー、調理室の汚水を貯めておくタンクである。

潜水艦には常に外から水圧が掛かってきているので、トイレの汚水をそのまま海に流すということはできない。一旦、サニタリータンクに貯めて、タンクがいっぱいになると高圧空気を使用して押し出したり、ポンプを使って艦外に排出する。

修理に入るとこのサニタリータンクのマンホールを開け、造船所の方で洗浄と換気を行い、検査ができるようになると通常、工担と呼び習わしている工事担当者が、

「水雷長、サニタリータンクの立ち入りが可能です。点検をお願いできますか」

と言ってくる。

タンクに入るとまだ臭いは残っているが少しすると慣れてしまって気にもならなくなる。

最も気を遣うのがフレーム部分である。

いくら洗浄したと言ってもフレームと隔壁（かくへき）の溶接部付近には古い汚物が堅くなって残っている。これを丁寧にはがし取ってその奥に潜む腐食を見つけ出す。

このようにして点検の結果から整備を必要とする船体の個所を整理し、機関長とも相談の上、艦長の了解を得たリストを持って監督官のところに出向き、潜水艦の要修理個所の現状と問題点を説明し、調整する。

この調整はなかなか厳しく、難しい交渉となるのがほとんどである。

メイン・バラスト・タンクの検査結果を持って監督官のところに出向いた時も同じであった。

「水雷長、今回は諸般の事情から船体の整備は相当厳しい状況にあります」

打ち合わせの出だしから監督官がジャブを出してくる。

「監督官、修理費が厳しいのは毎度のことじゃないですか。特に、メイン・バラスト・タンク内の腐食については前回の修理の時にもお願いして、まだそれほど進んではいないということで次の修理にはと言っていただいた個所です。今回の点検ではデータを見ていただいたように腐食も進んでいますし、特に気蓄器取付架台の溶接部付近は安全上からも問題ですから、是非認めていただきたい。乗員全員の命が懸っているのです」

「もちろん、水雷長の言われることは分かりますが限られた予算の中で優先しなければならないところもありますので、今回は我慢してください」

「今回もですか?」

と「も」に力を込めて嫌みの一つも言ってみたが、事態は変わらなかった。

監督官との調整結果を艦長に報告すると、

「水雷長、もう一回現場を見てみよう」

と言われ、艦長と一緒に各メイン・バラスト・タンクに入って行った。

「水雷長、造船所でやってもらえないのだったら、本艦でやったらどうか？」

「えっ！　本艦でですか。しかし艦長、水雷科員は学生や臨時勤務に出していて、現在の整備を実施するだけでも人手が足りず、苦労させています。これ以上は無理だと思います」

「うーん。確かに乗員にはこれ以上の負担はかけられない。しかし、士官室でやったらどうか。ＣＰＯに手伝ってもらうのも良いかもしれない。何も全部をやるわけではない。水雷長と機関長が気になるところを選び出してやれば、それほど時間はかからないだろう。私もやるから」

艦長がそこまで言う以上、後は実施の段取りをつけるだけである。

早速、その日の昼の休み時間に士官室とＣＰＯに集合をかけた。

「忙しい中、集合していただいて有難うございます。実は、入渠直後のタンク検査で見ていただいたようにタンク内の腐食のうち、前回の修理で手当てされなかった個所のいくつかが思った以上の進みを見せております。監督官との調整で粘ってみたのですが、力足らずで今回も見送られました。しかし、気がかりなところが何カ所かあります。

気がかり個所だけでも本艦で手当したいのですが、水雷科は手一杯でこれ以上の負荷は無理です。そこで士官室、ＣＰＯに協力をお願いしたいのですが。２名で一チームを編成し、各チームに２～３カ所をお願いしたいと考えます」

参加者から積極的な同意は期待していなかった。

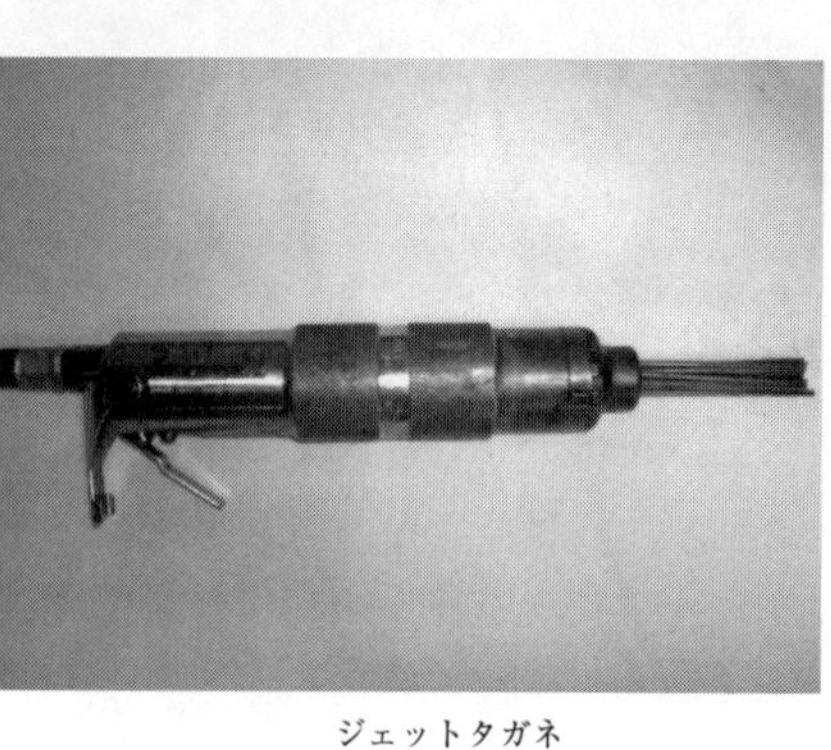
ジェットタガネ
（川崎重工業（株）神戸工場提供）

しかし、

「水雷長、やりましょう。2～3カ所ならそれほど負担でもない。CPOはそれでいいだろう」

先任伍長がCPOを一つにまとめてくれた。

すかさず、艦長が、

「水雷長、私も戦力にカウントしてもらっていいから」

と言葉を添えてくれた。おかげで士官室もまとまった。

秀隆はすぐに監督官のところに飛んで行った。

「監督官、タンク内の腐食個所については本艦で実施します」

「えっ？　人手は大丈夫ですか」

「大丈夫です。士官室とCPOでやります。ついてはジェットタガネ、エアサンダー、防塵マスク、防塵ゴーグル等の手配と作業中の各タンクの換気をお願いします。それと工具等を造船所から借りるのに経費がかかるのであれば、この費用は面倒見てください」

ジェットタガネというのは工具の先端に何本かの鋼線の束が取り付けられた工具である。空気圧でこの鋼線が個々に前後に動くようになっており、腐食部分の錆をたたき出すという感じで除去する。

エアサンダーはサンド・ペーパーが空気圧によって高速回転し、錆を削り落とす工具である。

したがって、腐食が深く進行していない表面的な錆の除去にはエアサンダーを使用し、腐食が進行して凹みができてしまっているところはジェットタガネの出番となる。

「分かりました。十分、気を付けてやってください」

監督官との調整が終わると、秀隆は次に造船所の船体担当の工担のところに向かった。

「タンク内の腐食個所の一部を本艦で実施することになりましたので、工具等の手配と作業中の換気をお願いします。監督官は了解です。なお、お願いしたい工具等の一覧はこれに書いてあるとおりです」

「監督官からは既にご連絡いただいておりますが、水雷長、本当に士官室とCPOでやられるのですか？」

「はい、やはりタンク内の腐食については、次の定検では何とか監督官も手を打ってくださると思うのですが、まさか気になっている個所を後任者負担で放置できませんから」

「了解しました。工具等の手配は明日中に行っておきます。また、タンク内で本艦側の作業が行われる旨、工員の方に

エアサンダー
（川崎重工業（株）神戸工場提供）

も徹底しておきます」

「よろしくお願いします」

タンク内の錆打ち作業開始日、ドックの渠底に集まった士官室、ＣＰＯの面々を前に秀隆は水雷長として注意事項を伝達した。

「今日からタンク内の錆打ちを行います。タンク内の換気は造船所側で十分に行っています。正直言って、士官室、ＣＰＯの皆さんはジェットタガネ、エアサンダーの取り扱いには慣れておられません。足場の悪い中での作業となりますので、開始する前に十分の足場を確保していただき、作業的に無理だと判断された場合にはそこにマークして、後で私に連絡をください。決して無理をしないでください。

防塵ゴーグル等はそこの駕籠（かご）に用意してありますので、必ず、ゴーグル、マスク、耳栓を着用してください。それから、作業灯は各タンクのフラッド・ポートに準備してあります。何か、質問はあるでしょうか」

特に質問は出なかった。

「それではよろしくお願いします」

と言って、秀隆自身も作業の準備にかかった。

今回の作業では自分も加わると主張した艦長に1分隊先任をバディとして付けたため、秀隆は3分隊の先任である機械長と一緒にタンク内に入ることにした。

「3分先、このタンク内の腐食は少し進んでいて、凹んできているのでジェットタガネを使用します。ジェットタガネは私が持って入りますので、3分先は作業灯をお願いします」

「了解しました。私が、先に入って明かりを確保しますので、水雷長は後から来て下さい」

「了解」

タンクの入り口であるフラッド・ポートでヘルメットを脱ぎ、ゴーグルと防塵マスクを調節しながら簡単な打ち合わせを終わった。

作業灯によって明るく照らし出されたタンク内を結構な重さのあるジェットタガネを持ち、空気のホースを裁きながら秀隆はタンク上部に上がって行った。

「水雷長、私の方は足場を確保しました。明かりの位置はこれでいいですか」

「もうちょっと待ってもらえますか。今、足場を確保しています。あっ、これで大丈夫です。明かりの位置もOKです」

ジェットタガネの先端を腐食部に当て、レバーを握るとタンク中にダッ、ダッというすさまじい騒音が響く。それに併せて粉塵が舞い上がる。

一呼吸おいてレバーを離し、

「3分先、もうちょっと明かりを近づけてもらえますか？」

粉塵の舞う中、腐食部分を軍手で拭ってみて、腐食の取れ具合を確認する。

「もう一回いきます」

再度、レバーを握る。タンク内に騒音が響く。そして、レバーを離して腐食の取れ具合を再度確認し、3分先に声をかけようとしたが、耳栓をしていたにもかかわらず耳の中がわーんと響いているので、3分先も同じだろうと思い、彼がこちらを注視しているのを確認して、ジェットタガネを指差し、次いで手のひらを返してみせることで交換する意思を伝えた。

一旦、渠底(きょてい)に降りて、ジェットタガネをエア・サンダーに換えて、再度タンク内に入って、先ほどの腐食部分の周辺で錆色になっているところをきれいに研磨して、様子を見ていると3分先がウエスを差し出してきた。

ウエスというのは古い衣類等を裁断して作った油や汚れなどを拭い取るための布片である。そのウエスで錆打ちを行った個所を拭って錆がきれいに除去されているのを確認し、

「3分先、ＯＫです。下地を塗る準備をしましょう」

「了解しました。じゃあ、私が先に降ります」

再び、渠底に出た2人は下地塗料の入った缶と刷毛(はけ)を持って、タンク内に入って行った。

潜水艦で使用する塗料は塗る場所によって外舷塗料、水線塗料、船底塗料などに分けられているがメイン・バラスト・タンク内の塗料も専用の塗料があり、それを塗る前に下地となる塗料を塗ってからさらに専用の塗料を重ねていく。

錆落としをした個所をもう一度ウエスで丹念に拭き上げ、下地塗料を丁寧に塗って本日の仕事は終了である。

渠底に降りてくると、各タンクから士官室、CPOの面々も相次いで出て来ていた。

こうして、懸案だったメイン・バラスト・タンク内の腐食にも一応の手当をすることができた。

海中生物退治：船体整備　その2

「先任、ちょっと相談があるんですが」

「なんですか？」

「実は今、艦長から船体に付着している藻やフジツボなどを出港までに除去できないかと聞かれたんだけど」

「うーん、確かに出渠してからだいぶん経っていますから、水線付近などはかなり藻やらフジツボなんかが付いていきているのは確かですね」

「一度、2人で潜ってみて様子を確認してから、方法を考えましょうか」

海上自衛隊が行う年に一度の最も規模の大きい演習である海上自衛隊演習への参加を控えたある日の午前、秀隆は1分先と艦長からの宿題について相談していた。

「当直士官、今日の午後、どこかの艦でソナー発振の予定は出てますか？」

「いや、今のところどこからもソナー発振の信号は出ていません」

当直士官である船務士が信号を確認して答えてきた。

「それじゃ、今日の1330（ひとさんさんまる）から1時間の予定で潜水作業をするので在泊艦艇に信号を願います」

「機関長、船底の汚損状況確認のため1330から1分先と潜水作業を行います」

潜水中にソナー発振されるとソナーの音圧によってダイバーが負傷することもあるので、潜水作業を実施する場合には他の在泊艦艇に事前に通知し、ソナー発振を行わないよう手配しておく必要がある。

また、艦内では機関長が潜水作業の統括を行っているので、一言報告しておく必要がある。

秀隆が上甲板に上がると、本艦の艦橋には在泊艦艇当ての信号がある旨を知らせる旗旒（きりゅう）が翻っている。そして、在泊する他の艦艇は了解した旨の信号旗を掲げ、信号員らしい人影が艦橋に見えている。

信号員が手旗で潜水作業予定を伝える信号を送信すると各艦艇から次々に了解の旨の手旗が振られる。

昼食が終わって一休みすると、ウェットスーツに着替え、マスクとスノーケル、それに水中での明かりとして防水型の懐中電灯を持って上甲板に出て、艦橋には潜水作業を実施中であることを示すアルファ（A）旗が揚がっているのを確認した。

潜水艦の艦尾は水面に向かって緩やかなスロープを形成しているので、2人は艦尾から海に入り、まずシュノーケリングをしながら水線付近の藻やフジツボなどの付着状況を確認する。

さらに、少し深く潜って船底部分の状況を確認した後、艦尾から上がって来て、

「先任、かなり付着してますね。これだと結構抵抗になるし、電池の消費も大きくなってスノーケルの回数にも影響が出てくるでしょうね」

船舶が航行する時にその速力あるいは燃料の消費に最も影響を及ぼすのが船体の抵抗である。船体の抵抗は船が密度の高い水上あるいは水中を運動することによって乗じる宿命的なものであり、粘性摩擦抵抗、粘性圧力抵抗、造波抵抗と砕波（さいは）抵抗の合成と言われている。

水上の艦船では造波抵抗への対策が重視されている。戦艦「大和」の艦首部に着けられた球状のバルバスバウは有名であるが、今日の水上の船舶のほとんどがこのバルバスバウを装備し、船体が作る波と１８０度位相の異なる波をバルバスバウによって形成し、２つの波が打ち消し合うことで造波抵抗を軽減して、同じ燃料を使うのであればより高速を得ることができるように建造されている。

しかし、主に水中を行動する潜水艦では短い水上航走の速力は犠牲にしてでも、水中での速力を重視し粘性圧力抵抗への対策を重視している。

水中で円筒を動かすと円筒の後ろ側に渦が発生し、その部分の圧力が低くなる。この圧力が低くなった部分を修復しようとして円柱を後ろに引き戻そうとする力が働く。これが粘性圧力抵抗である。

この粘性圧力抵抗を軽減するためには流線型を採用することである。
現在の潜水艦に採用されている涙滴（るいてき）型船形、ティア・ドロップ・ハルあるいはアルバコア・ハルと呼ばれる潜水艦の船形はいずれも同じことで、粘性圧力抵抗の軽減を重視した結果なのである。また、潜望鏡やレーダーマストなどをセイルと呼ばれる流線型の構造物で覆っている理由の一つが粘性圧力抵抗の軽減なのである。

今ひとつの粘性摩擦抵抗は不可避なものと考えられがちであるが、水中で比較的低速で行動することが多い通常型潜水艦にとってこの粘性摩擦抵抗は無視できない要素なのかもしれない。

海水の中で船が動くとその舷側付近の海水は船とともに移動し、周りの海水を引っ張って行く。その際、船の表面に沿った方向に抵抗力が働く。船体表面が海中生物によって汚損していると、より多くの海水を引っ張って行くことになり、抵抗が大きくなって同じ速力を得るためにより大きな電力を消費しなければならなくなる。電池の消費を早めて、結果としてスノーケルの回数が増えることになって、敵に見つかる公算が高くなると秀隆は考えたのである。

「しかし、今から水雷科が全員、スクレパーを持って潜って掻き落とすと言っても限界があるしなあ。名案が浮かばないな」
とぼやきながら、ウエットスーツの上を脱いでタオルで背中を拭いていると、

「水雷長、それですよ」

「それってなんだよ？」

「幸い、本艦は涙滴型ですから艦首は丸っこいし、船底部にはＢＴの音速送受波器があるくらいで、突起物はあまりないですよね。したがって、古いホーサーを適当な長さに切って何本かを束にしたものを何組か作って、艦首からパンツをはかせる要領でホーサーを船底にくぐらせ、左右舷で息を合わせて擦りながら少しずつ艦尾へ移動して行くんです」

「おっ！　それはアイデアですね。それでいきましょう」

「丁度、交換したばかりの古いのがありますから、若い者に用意させます」

「願います」

秀隆は、潜水作業の結果と併せて以後の方針を報告するため艦長の元へ向かった。

「了解、それでできるだけやってみよう。水雷の発案か？」

「いや、先任のアイデアです」

翌々日、天気は良し。水雷科が用意した古ホーサーの束、３組を艦首のセイル前に準備し、要領を説明した。

「既に指定した組毎にホーサー束を艦首から海中に投入し、左右舷が息を合わせて船底、舷側を擦りながら後部へ移動していく。躱（かわ）さなければならない送受波器などの突起物の位置はマークしてあるからその手前で一旦止め、潜水員の誘導でこれを躱してから作業を続ける。

潜水員は最初の艦首を躱すところとBTの送受波器や保護亜鉛等の突起物を破損しないよう補佐するように」

「作業にかかる」

第1組目がホーサーを海中に投げ入れ、潜水員がホーサーが船底にかかるように持って行く。そして、

「右、左」「右、左」

と声をかけて調子を取りながらホーサーで船底、舷側を擦って行く。

見る間に舷側付近の海面に白灰色の汚れが浮かび上がって来た。

さらに、艦尾に装備されている縦舵の水中部分と横舵はこの方法が採れないので、機関科の応援を得て水雷科員が潜り、スクレパーを使ってこそげ落としていった。

作業すること半日、潜水艦の周りは白濁した海水に囲まれていた。

午後、海水の白濁が少し収まるのを待って、先任と潜って船底の様子を確認してみた。思った以上の好成績でかなりのフジツボ、藻が取り除かれていた。

その旨を艦長に報告し、「ご苦労さん」の言葉をもらって作業は終了した。

海上自衛隊演習に参加して、この海中生物との戦いが具体的にどれだけの効果があったのかは不明であるが、演習期間を通じ、ただの一度も対抗部隊に探知されることもなく、命令に示された重要目標の攻撃にことごとく成功したのは事実であった。

操艦訓練

「教練、人が落ちた右」

副長の声が聞こえて来た。振り返ると右舷後部付近の海面に溺者（できしゃ）を模した人形が浮いている。

「おもかじいっぱーい。停止」

操艦系の通信装置である21MCのプレス・トーク・スイッチを押して発令所にいる操舵（そうだ）員に操艦号令をかける。

この際、どんなに緊急の場合でもプレス・トーク・スイッチを通してすぐに号令をかけてはいけない。頭の部分が途切れる可能性がある。したがって、一呼吸置いてから号令をかける必要がある。それに、操艦号令には独特の節回しあるいは抑揚があるが、緊急時だからと言ってこの節回しを無視して短兵急（たんぺいきゅう）な号令をかけるとかえって錯誤の恐れが生じたり、操舵員から再送要求があって遅れを生じることになる。

すぐに目線を足下に落として、命じたように操舵されたかを舵角指示器でちらっと確認すると、艦尾を振り返り、実際に舵が右一杯に動いていくのを確認する。舵の実際の動きを操艦者が目で確認できるのは潜水艦の強みである。

潜水艦の舷側付近の海水は船体に引っ張られるため、溺者をスクリューに巻き込んでしまう恐れがある。このため、まず、艦尾を溺者から遠ざけるように溺者の発生した側に一杯舵を切る。

船は舵から受ける抵抗によって回頭するため、舵を切ると反対側に艦尾が押し出されるように動く。この艦尾の動きによって溺者が艦尾から遠ざかることになる。

また、潜水艦は水上艦艇と違いスクリューが水面に近いため、まず、停止をかける。これも溺者をスクリューに巻き込まないための配慮からである。もちろん、すぐにスクリューの回転が止まるわけではないが。

舵角を確認すると、体を乗り出し気味にして、人形の様子を確認する。既に艦尾は左舷側に振り出されて行って、人形がスクリューに巻き込まれる心配はない。

見張りからも、

「溺者、艦尾躱った」

と報告が来る。

「前進強速」

溺者をスクリューに巻き込む恐れがなくなれば、急いで溺者の収容に向かわなければならない。

今、秀隆は一側（いっそく）回頭と呼ばれる方法で溺者に向かおうとしている。

溺者が発生した場合、救助の方法は大きく分けて二つある。一つは溺者の付近まで艦を持って行って、内火艇（ないかてい）や作業艇を降ろして溺者を収容する方法、もう一つは自艦で収容する方法である。内火艇などを搭載していない潜水艦では溺者を自らが収容に向かわなければならない。

また、自艦で収容する場合も方法は二通りに分かれる。

溺者の発生に気づくのが遅れた場合には今来たコースを逆戻りしながら捜索するのが溺者を発見する確率が最も高い。このため、一旦面舵あるいは取り舵に一杯舵を取り、艦首が約30度回頭したところで舵を戻して、反対の一杯舵を取って、これまで進んできたコースの180度反対のコースになるよう舵を戻すと概ね、これまで進んできたコース上を逆に進むことができる。このような方法をウィリアムソン・ターンという。

一方、目の前で人が海中に転落した場合にはできるだけ早く艦を溺者のところに持って行く方法として一側回頭がある。そしてこの一側回頭は溺者の風上側にわずかな水空きをもって艦をぴたりと止めなければならないので、自艦揚収（ようしゅう）の溺者救助訓練を行うことは当直士官あるいは哨戒長の良い操艦訓練にもなる。

艦内の主要個所と通信ができる7MCで発令所を選択し、

「教練、人が落ちた右。溺者救助用意」

と溺者救助の部署を発動する。併せて想定溺者の階級氏名を伝える。

その間にも溺者に向首した時に風をどちらから受けることになるのか海上の波の様子等を

見ながら判断に努めていた。

潜水艦には水上艦艇に装備されている風速風向計は装備されていない。そのため、まさに観天望気そのままに風向を判断しなければならないのである。溺者に向首した時には、右舷の艦首寄りの方向から風を受けることになる。ということは、自艦の左舷に溺者を置けば潜水艦の方が風の影響をより大きく受けて、風下に流れることになるので水空きが少し大きくなっても風の力で潜水艦は溺者の近くに寄ることができる。

そして、左舷揚収を決心した。

潜舵の上に配置された測距員に「測距はじめ、目標、溺者」と命じる。

測距員は測距儀を構え、刻々と溺者までの距離を報告してくる。この報告を参考に溺者までの間合いから停止の時期を見極める。

秀隆自身はレピーターの方位環で溺者の方位を測り、舵を戻す時期を判断する。

「停止」

「もどーせー」

足下の舵角指示器に目を落とすと、針が中央に戻っていく。艦尾を振り返ると舵が中央になっていく。

艦の速力も落ち、上甲板に上がる波も艦首のフェアリーダー付近がせいぜいとなり、艦の傾きもほとんどなくなり、上甲板に作業員を上げても危険はない。

「発令所、艦橋。中部ハッチ開け。上甲板作業員上がれ」

「了解、発令所」

その間にも秀隆は溺者との間合いのつまり具合と溺者の方位の変化に注意を向ける。

今回は左舷揚収なので、溺者は一旦真艦首（まかんしゅ）を過ぎることになる。そして、惰力だけで近づく間に風の影響で潜水艦は落とされて行くので、その分を見込んだ距離を開いておくような針路に定針させせなければならない。

特に潜水艦はその船体形状から速力が遅くなると操艦性能は非常に悪くなる。平たく言えば、思うように艦は動いてくれなくなる。したがって、溺者を間近にして小手先の修正は効かないと考え、それまでにしっかりと態勢を作り上げなければならない。

「取り舵に当て」

溺者の方位を確認し、狙った針路からオーバーシュートしないように回頭惰力を殺す。続けて、定針すべき針路を操舵員に命じる。

上甲板指揮官から、

「想定、溺者は元気に手を振っている」

との報告。ということは泳者を送って収容しなければならない状況にはない。

潜水艦は少しずつ溺者に近づいていく。後は、セイルから前に溺者を置くように潜水艦を止めるために、いつ後進をかけるかである。潜水艦を含め船にはブレーキが付いていないので前進の行き足を止めるためには適宜の後進をかけなければならない。

後進を長く使用したり、強い後進をかけると後進のウェーキが溺者に届いて、溺者が潜水艦から離れて行ってしまう。前進の行き足が大きすぎる時には一度後進をかけて行き足を殺しておく必要があるが、今日の行き足はその必要はないと判断した。

「まずい！」

思った以上に潜水艦が風に流されている。このままだと溺者との水空きがなくなり、ほとんど艦首で溺者をすくい上げかねない。下手をすると揚収舷を右に換えなければならなくなる。

「面舵一杯」

ほとんど行き足のなくなった状況では悪あがきに近いと思いつつも艦首を少しでも右に振るように号令をかけたが、その効果は現れてこない。

「後進微速」

「もどーせ、取舵一杯」

水上艦船の舵に当たるのが潜水艦では縦舵と呼ばれるが、縦舵は上下2枚の舵が一組となってスクリューの艦首側に装備されており、上側の舵の一部は水面上に出ている。このため、後進のウェーキに対する遮蔽物の役割を持たせることができる。

「停止」

溺者に模した人形は艦首のやや左側に当たって左舷の舷側に沿って後方に動いて行き、セイル横で止まった。

上甲板から、

「救命浮環(ふかん)を送る」

「想定、溺者は救命浮環に掴まった」

「四爪錨(よつめいかり)で人形を回収する」

相次いで報告が来る。上甲板では収容した溺者に対する処置の訓練が行われている間に艦長から、

「水雷、今日の操艦はまずまずだったね。ただ、これが実際の場面だったら溺者に向首して救助に向かうのかどうか、やはり研究しておく必要があるだろう」

私が防大の学生だった時、ある教官から聞いた話だけれども、その教官が護衛艦の艦長の時代に自ら溺者になられたことがある。夏の海上模様が穏やかな日に作業服にカポックと呼ばれた救命胴衣を付けて後甲板からそのまま海に飛び込まれた。

何も聞かされていなかった後部見張りは驚いて直ちに無電池電話で艦橋へ『人が落ちた右、溺者は艦長』と報告。艦橋の当直士官は報告を聞くとすぐに面舵一杯を取って、型通りの一側回頭を行って溺者である艦長に向首した。

その時艦長は必死になって近づく護衛艦から逃れるように泳がれたそうだ。その後、護衛

艦に揚収された艦長は乗り組み幹部を集めて『もちろん、状況にもよるが溺者に向首するのは適当ではない。溺者はほぼ水面の目線から護衛艦を見上げる。自分を救助するために近づいていると理屈で分かっても、のしかかるように近づく護衛艦は凶器のように感じられ、それから逃げようという気持ちが働く。したがって、溺者に対して30度位の角度を持って近接し、内火艇を降ろすなり、泳者を送って収容するのが適当だろう』と話されたのが今も記憶に残っている」

「そうか、だからあの時、潜水艦が自分にまっすぐ向首しないで30度くらいの開きを持って近接してきたのか」

秀隆には艦長の話から首肯できる思い出があった。そのことは後で触れることにする。

海幕広報班

行儀見習い：海幕勤務

「水雷、ちょっと来てくれ」

ある日、秀隆は艦長室に呼ばれた。

水雷長勤務も一年を超え、時はあたかも移動の季節である。

「水雷、嫁入り先が決まったのか？」

先輩の機関長から聞かれ、

「いやー、なんの用件か見当が付かないですよ」

と答えつつ艦長室に向かった。

「士官室のメンバーは前の定期異動でほとんど交代し、古株といえば水雷しかいなくなってしまった。水雷は士配置から連続して本艦で勤務しているからその経験を失うのはつらいのだが、お前の将来のためにも転勤させることにした。次の配置は海幕広報班の予定だ」

「えっ、六本木ですか？」

海幕広報班、正しくは防衛庁海上幕僚監部総務部総務課広報班。幾度かの組織改編を経て今の防衛省海上幕僚監部広報室である。

海幕は港区六本木に所在していたので、海幕勤務者は六本木族と呼ばれ海上自衛隊幹部の間ではあまり人気のある勤務先ではない。むしろ最も人気のない勤務先と言えるかもしれない。

艦長室を出て士官室に戻ると機関長が再度質問してきた。

「どうだった？」

「転勤の内示でした」

「どこだ？」

「海幕ですよ。そりゃ、遠航から帰って学生以外はずっと艦に乗せてもらいましたから、次の転勤は陸上だろうと覚悟してましたが、何も海幕でなくっても」

口をとがらせて愚痴る秀隆に、

「ご愁傷様。まあ、水雷の行儀見習い先としては適かもな」

「機関長、人ごとと思って気楽に言わんで下さい」

艦艇乗り組みの幹部海上自衛官の勤務は艦艇勤務と陸上勤務との間をローテンションするようになっている。その比率はそれぞれによって異なり、中には学生以外は艦艇に乗り組み続けたという剛の者もいる。もちろん、本人の希望によるというより人事の結果なのであるが。

そもそも、艦艇に乗りたくて海上自衛隊を選んだのであるからできることならずっと艦艇勤務を続けたいのが人情である。陸上勤務をするにしても潜水艦隊や潜水隊群の司令部の幕僚、各地方総監部の勤務あるいは学校勤務があるのに選りに選って海幕とは。

しかし、既に海上幕僚長が決裁され、それに基づいて内示されたのであるから、いくらぶつぶつ言ってみても覆るわけではない。

前任者は中級課程に入校する予定の防大の一年先輩で水上艦艇の人である。

前任者に連絡を取り、申し継ぎの予定を調整して、当日、六本木の海幕に出向いて行った。

地下鉄日比谷線の六本木駅を降り、六本木交差点を乃木坂に向かって歩いて行くと旧歩兵第1、第3連隊の塀が見えてくる。その中が防衛庁であり、海幕は2号館にある。

三階に上がるとエレベーターホールの真ん前が総務課で三つの入り口がある。真ん中の入り口を入ると正面に総務課長席と応接セットがあり、左右に各班が居流れるという体で配置されている。広報班は総務課長から見て左手奥にある。

総務課前の廊下を左手に進むと総務部長室の前を通って、渉外応接室、副官室を経て海上幕僚長と海上幕僚副長の執務室にいたる。

秀隆は広報班に最も近い入り口から入り、用件を告げて前任者に会い、申し継ぎを受けた。

広報班の業務は報道と事業に大きく分けられる。報道は言うまでもなくマスメディアへの対応に当たる。それ以外が事業と考えてよく、秀隆は先輩からこの事業を引き継ぐことになった。

事業の内容は、部外広報と呼ばれる、海上自衛隊が積極的に部外に働きかける広報活動、部外協力とは、読んで字のごとく部外の様々な団体、個人からの依頼を受け、海上自衛隊を国民に理解してもらうために有用かどうかを判断して協力を行うもの、業計・予算、写真である。

海上自衛隊は成立した予算に基づき年度ごとに業務計画を策定して、業務を行っている。海幕が策定した海上自衛隊の業務計画に基づき、各部隊はそれぞれの業務計画を策定する。

秀隆は海上自衛隊の広報全般に係わる業務計画の作成の責任を負ったのである。

申し継ぎを終わって、広報班長に挨拶を行い、発令日の朝０７３０（まるななさんまる）に着任でいいかを伺った。

班長からは、

「よろしく頼む。初めての潜水艦乗りだから期待している。官舎は仕事柄できるだけ海幕に近いところが良いので東京業務隊にかけ合って近場を確保したから、できるだけ早く引っ越しは済ませてくれ」

と指示があった。

発令日、着任した秀隆に早速、洗礼が待っていた。

「吉田、早く着替えてこの記事を貼り付けてくれ」

海幕広報の朝は早い。朝毎読産経日経東京（「ちょうまいよみさんけいにっけいとうきょう」と読む）とひとくくりで呼ぶ朝日新聞、毎日新聞、読売新聞、産経新聞、日本経済新聞と東京新聞の６紙の首都圏版と呼ばれる第14版に掲載されたその日、その日の防衛、海上自衛隊に関する記事を切り抜き、整理して、海上幕僚長が朝のオペレーションに入る前に提出しなければならない。

防衛、海上自衛隊に関する記事は1面か政治面、社会面に載るのが普通であるが、記事が載るか否かは記者とデスクと編集部の力関係によるらしい。ひどいときは防衛に関する記事が家庭欄や芸能欄に載っていることもある。

さらに、首都圏版とドーナツ圏版と呼ばれる第13版とでは原稿の締め切り時間が異なるため内容が異なることがある。首都圏版では載っていない記事がドーナツ圏版に載っていることもあり得るので、通勤の電車の中で赤鉛筆を口にくわえ、切り抜く必要のある記事をチェックするのである。

「おーい、吉田。さっきの記事、どこへやった」

「机の左手に置きましたが」

「おう、あった、あった。これの要約が終わったら今朝のミッション・コンプリート」

「えっ、要約を付けるのですか。切り抜きを上げるのですから海幕長がお読みになれば済むことじゃないですか」

「お前、馬鹿か？　登庁されてオペまでの間の海幕長がそんなに暇だと思ってんのか。幕内の各部から様々な報告が上がってくる。もちろん、オペで報告されるがその際に必要な指示を出され、方針を示されるためには事前に必要な事項を整理、検討されるわけだから、その時間を稼ぎ出すのがわれわれ幕僚の仕事じゃないか。

関係する記事が少ない時はいいが、何かあって記事量が増えた時はオペ前でも精読いただく記事とそうでないものとが分かり易いようにきちんとした要約を付けることが大事だと思っている。また、要約することでこちらの頭も整理できるから質問があった場合にも的確に答えることができる」

初めての海幕勤務の着任早々に馬鹿呼ばわりされる筋合いはないと思いながらも、今後の広報班勤務の一つの指針を得た気がした。

そのような秀隆の気持ちに関係なく、先任班員は言葉を継いできた。

「ついでに言っとくと、広報班で大切なのは両目をしっかり開けて、違う方向に同時に気を配り、神経を使っていかなきゃいかんということ。

一つの方向は海上自衛隊、あるいは海幕長への気配り、今ひとつはマスコミ、あるいはこれから吉田が付き合っていくであろう芸能界やら様々な団体などを通じての国民への配慮。国民には海上自衛隊のことを理解していただきたい。しかし、すべてを伝えるわけにはいかない。伝えるべきもの、伝えてならないものこの二つのバランスをきちんと取ってぶれないようにしないとな。

それと、広報班にいると海上自衛官でありながら国民の目線から海上自衛隊を見ることになる。それは場合によっては、海上自衛隊からつぶてが飛んで来ることを意味する。相当の打たれ強さとバランス感覚が必要だよ」

言葉遣いは乱暴だが、広報の心構えを親切に教えてくれた。

総務課内への紹介が終わると「名刺をできるだけ持って行けよ」との注意を受けて、先任班員に連れられ、防衛庁内局広報課、防衛記者会、陸上幕僚監部広報班、航空幕僚監部広報班、それに施設庁（防衛省の組織の改編で既に存在しない組織である）や共済組合の広報担当、さらに海幕内の各課にも挨拶に行った。

驚いたのは、秀隆の陸上幕僚監部広報班のカウンターパートは10年先輩、航空幕僚監部は6年先輩である。自分のような若造で大丈夫なのかと少々不安になった。

秀隆の思いとは別に先任班員は、

「吉田、これから何枚名刺を使うことになるか知らんが、広報の仕事の第一関門は名刺の交換だよ。そこでどのような印象を持たれるかで後の仕事がかなり変わると思っていい。名刺の出し方、受け取り方、部隊にいるとあまり関係のない、というかほとんど気にしないことかも知れんがちゃんとした作法を身につけておけよ」

なるほど、部隊に着任して関係先に挨拶に行く時は「この度、○○に着任しました吉田秀隆です。よろしくお願いします」で済んでいた。しかし、今回の挨拶回りでは幕内の各課を除くとひたすら名刺の交換で、席に戻って来るとかなりの数の名刺が手元にある。

最初の仕事は前任者が手がけてきたＴＶのバラエティ番組に対する協力である。タレントが様々な職業を体験するという番組で、今回は艦艇における海上自衛官の仕事を経験してもらう企画だという。

陸上自衛隊だとレンジャー訓練の経験などは画的に様になるのだけれども、艦艇での勤務といってもまさか戦闘訓練や応急訓練を経験してもらうわけにもいかず、そのために艦艇を動かすこともできないので、体験航海を実施する護衛艦に乗ってもらって手旗訓練や結索をやってもらうことになっている。

今回は女性タレントが起用されており、タレントと撮影チームの案内及び護衛艦側との現場での調整に当たることになっている。

撮影そのものは前任者がしっかり打ち合わせていたおかげで順調に終了した。撮影が終わったからといってすぐに帰れるわけではない。護衛艦が帰港するまで時間がかかる。

件の女性タレントは、天気に恵まれたことをいいことにTシャツ、ショートパンツに着替え、マネージャーが持ち込んだデッキチェアを旗甲板に拡げて日光浴としゃれ込んでいる。おかげで体験航海の乗艦者だけでなく、手の空いた乗員までが集まって人だかりができている。旗甲板の後部には上甲板に通じるラッタルがあり、勾配が急なため安全を考慮して、乗艦者が使用しないようにロープが張ってあるのだが、このロープにもたれかかるようにしてタレントを見ようとしている乗艦者がいる。

秀隆は急いでラッタルのところに行き、

「このロープにもたれると危険ですからあと一歩前に詰めて下さい。協力を願いします」

と声をかけると同時に、付近にいた乗員に注意を喚起して2名をラッタルに配員して警戒に当たらせた。さらに、マネージャーに事情を説明して日光浴を打ち切り、士官室で待機してもらうことにした。

「そうか。われわれが当たり前と思っていることが一般には当たり前ではないんだ。ハンドレールにもたれかかってはいけないなんていうのも自分たちには身についた躾け事項で当然のこととしているが、一般の方を艦に乗せた時にはきちんと気配りのある説明しなければならないんだ」

今ひとつ気づかされたのが用語である。潜水艦に乗っている時に普通に使用し、通じていた用語が通じない。今回、護衛艦に乗艦中、乗艦者からトイレの場所を聞かれた際、「厠ですね」と応えたとたん、相手は怪訝な顔をして「いえ、トイレです」と返してきた。

「用語も一般に通じるように使用しないと」

陸上自衛隊が年に1回、北富士演習場で実施する総合火力展示演習。

元々、陸上自衛隊の各学校の学生に陸上自衛隊が装備する火力の威力を理解させるために実施されていたものが、せっかくの機会だからと一般にも公開されてきた。そのため説明は陸上自衛官向けで専門用語が多用されていたのだったが、ある年、この演習を見た防衛庁長官がなにを言っているのか分からない、用語を平易なものに変えろと言ったのがきっかけで、各自衛隊の用語が見直され海上自衛隊でも用語の変更があった。

しかし、言葉というのはその集団に属する人々の間でその背景、含意などが共有され、意思の疎通をスムーズにするためのもの。その集団の歴史、文化そのものといってもよいかも知れない。

例えば、潜水艦には士官室と呼ばれる区画がある。海上自衛隊では幹部自衛官のことを士官とは呼ばない。しかし、士官室には単に幹部が仕事をし、会議を行い、食事を摂る場所という意味のほかに戦時には応急治療室ということが含意され、共通の認識となっている。

したがって、あくまで士官室であって幹部室ではないのである。食事を作る場所は調理室とされるようになったが、艦艇乗組員にとっては依然烹炊所（ほうすいじょ）なのであり、トイレを便所と呼ぶようになってもそこの清掃等に責任を持つ者を厠番と呼ぶのである。

ただ、国民に説明する場合には必ず言葉を足さなければ誤解を生む可能性がある。これも今後の広報班勤務で注意しなければならない大事な事項の一つと胸に刻み込んだ。

広報班での勤務にも少し慣れてきたある日、

「海上自衛隊の広報はこちらでよろしいでしょうか？」

すらっとしたイケメンが入り口に立って、声をかけてきた。

「はい、広報班はここですが。どのようなご用件でしょうか？」

「私は……」

と言って出された名刺には日本を代表する男優のプロダクション名があり、そこのアシスタント・プロデューサーと記されている。

「実は私どもで制作中の映画の一カットにどうしても軍艦の画が欲しいのですが、ご協力いただけますでしょうか？」

「ご存じのことと思いますが、海上自衛隊が部外の協力をさせていただく場合の基準は海上自衛隊に対する国民の皆様のご理解を深めるために役立つかどうかということにあります。今回、制作しておられる映画はどのような内容で、どのような場面に護衛艦が登場することになるのでしょうか？」

アシスタント・プロデューサーは映画のストーリーを掻い摘んで説明し、

「そこでこの犯人が乗って逃亡する貨物船が外国の領海に逃げ込もうとした時に、外国軍艦に阻止されるというところでどうしても軍艦の画が欲しいのです。

正直言って、この一カットのために想定している外国に依頼するのもなんですから、海上自衛隊にお願いできないかと思いまして」

「うーん、先にも申し上げましたように、私たちが協力させていただく条件は海上自衛隊の広報に資するかどうかということですので、今伺った話からはかなり難しいと思うのですが、少しお待ちいただいてもよろしいですか」

そう言って席を外した秀隆は、広報班長に報告と方針の説明を行った。

「班長、今回の話は部外協力の基準には合わないので、撮影協力のために部隊を動かすことはできませんが、向こうが洋上で撮影中に通りかかった護衛艦を撮影して、その画像を使用するのは規制もできませんから、撮影予定に合致するような部隊を探して、会合できそうな情報を流すということで如何でしょうか」

そう班長に進言した背景には、ひと月ほど前の情報を担当する課とのやりとりがあったからであった。

その日の朝、担当課から、

「何で潜水艦を真上から撮影した写真を流すのだ」

と怒鳴らんばかりの勢いの電話がかかってきた。

なんのことか分からなかった秀隆は、

「すぐ、そちらに伺います」

と電話を切って、担当課に走って行った。

待っていたのは日頃から、

「広報は何でもマスコミに流してけしからん」

とアンチ広報の急先鋒である先輩だった。

秀隆の顔を見るなり、

「見てみろ！　こんな真上から撮られた写真を公表したら保全も何もないだろう。貴様も潜水艦乗りならそれぐらいは分かるだろう」

と凄い剣幕である。

先輩の机に拡げられているのは船のマニアの人には人気のある月刊誌である。

そこには早瀬の瀬戸を通る潜水艦を大橋の上から撮影した写真が掲載されている。

「先輩、早瀬大橋というのは海上自衛隊の施設でしたっけ？」

あまりの剣幕にむかっ腹が立ったのを我慢しながら質問してみた。

「そんな訳がなかろう」

「そうですよね。早瀬大橋は能美島（のうみじま）と倉橋島の間に架かる国道４８７号線の道路橋（どうろきょう）ですよね。ということは誰でもが立ち入ることができて、そこで行うことを海上自衛隊は規制できないはずですね。海上自衛隊が提供した写真なら、この月刊誌は海上自衛隊提供って記載しますが、ほら、ここに撮影者の名前があるじゃないですか。これは民間の方が撮影したもので、民間の方が自衛隊の施設外から撮った写真が掲載されたのを保全云々と言われても筋違いだと思いますが」

日頃の鬱憤もあって、言い過ぎたかと思ったけれども思わずまくし立ててしまった。

話を映画撮影協力に戻す。

アシスタント・プロデューサーの話を聞きながら、この時のやりとりを思い出し、今回の協力の仕方はこれだと考えて班長に報告したのである。

班長からは、相手方に必ず護衛艦に遇うことができるとは限らないことを念を押して、その方向で話を進めることで了解を得た。

席に戻り、アシスタント・プロデューサーに、

「上司にも報告しましたが、やはり先ほど申し上げたように今回お話しいただいた映画の内

容からは海上自衛隊の広報に資すると考えることは難しいと思います」

彼の顔に失望の色が動いたが、それにかまわず、

「ただ、そちらが洋上で撮影中にたまたま護衛艦に行き会って、これを撮って使用される分には問題はありませんので」

「それでは、護衛艦の行動予定をお教えいただけるのですか」

「艦の予定は秘になりますのでお伝えすることはできませんが、この頃にこのあたりで可能性があるくらいはできると思いますので、少し検討させて下さい。とりあえず、海上での撮影予定を伺っておくことはできますか？」

アシスタント・プロデューサーは当面の2回の海上での撮影予定期間と場所を置いて帰って行った。

そのあと、秀隆は部隊の運用を所掌する課に行って、撮影予定期間に予定の場所を通過する艦艇部隊がいないか確かめてみた。

あった！

ある護衛隊群が訓練を終え、寄港先から定係港に帰る時に、第2回目の撮影の期間に撮影予定海域付近を通る。

広報班に帰って、班長に報告し、狙いを付けた護衛隊群司令部と調整するために寄港先へ電話を入れた。

「監理幕僚、海幕広報班の吉田1尉ですが、実は……」

とこれまでの経緯を説明し、

「というわけで、群が通過される時に相手方は言葉は悪いですが、勝手に撮影します。ただ、素人のやることですからうまく会合できるかどうか不安ですので、群の方からそれとなく接近していただけるとありがたいのですが。それと、設定上、外国の軍艦となっておりますので、航過する時に自衛艦旗を一時的に巻いておいていただけないでしょうか？」

「うーん、とに角、群司令に報告する。なんとおっしゃるかは分からないけれども」

一旦電話を置いてしばらくすると秀隆の電話が鳴った。

「海上幕僚監部広報班、吉田1尉です」

「群司令だが」

「あっ、群司令、直接ご連絡いただき有難うございます」

「何でうちの群なのだ？」

群司令の虫の居所が余り良くなさそうな雲行きである。

そこで思い出した。群司令は秀隆が防大2年生の時に乗艦実習を行なった練習艦の艦長であり、その際の講話でやはり1尉の時に広報班勤務をした話があったのだ。

「撮影予定期間と場所を考えますと撮影の機会があるのは群司令のところだけですので」

「そうではなくて、今回の撮影協力で何か海上自衛隊の広報にメリットがあるのか？　とてもそうは思えん。そんなことで部隊を振り回すな」

「群司令、ご指摘はそのとおりだと思います。ご指摘の点は重々分かっているつもりです。大変失礼ですが、群司令も若い時に広報の仕事をされたと伺っておりますのでお分かりいただけると思いますが、部外協力という仰々しいものでなく、ちょっとした機会を提供することで将来大きなメリットを得られる可能性があると考えました。海上自衛隊のオピニオン・リーダーとしても期待できると思っております。したがって、ぜひお願いしたいのですが」

「そうか、分かった」

と言って電話は切れた。

撮影予定日の頃、仕事に追われながらも、撮影がうまくいったのかなと気には懸けていたが、一週間ほど経ったある日、アシスタント・プロデューサーがにこにこしながら現れた。

「吉田さん、おかげでうまくいきました。艦が近づいてくるというのでカメラを構えたのですが、波があって撮影の船は小さかったものですから、カメラマンが酔ってしまってうまく撮れたかどうか分からないというのです。

あきらめかけていたら、艦隊の方がもう一度撮影しているわれわれの周りを回って下さるではないですか。

カメラマンに今度は取り損ねるなと声をかけながら、艦隊の方を見ていると離れ際に先頭の艦の艦橋あたりで白い服を着た方が帽子を振っているのが見えました。

われわれも感謝の気持ちを込めて懸命に手を振りました。ボスも大喜びでくれぐれもお礼を言うようにと言っておりました。本当に有難うございました」

「そうですか。うまくいって良かったですね。皆さんによろしくお伝え下さい」

部外協力は一度あるとそう立て続けにあるものではないのだが、撮影から1カ月が過ぎた頃、件のアシスタント・プロデューサーがひょっこりと現れた。

「吉田さん、よろしいですか？」

「どうぞ、今度はどのようなご用件ですか」

「吉田さんは確か、潜水艦に乗っておられるんですよね」

「はい、本業は潜水艦幹部ですが」

「あの、人間が潜望鏡に掴まっていることができるものなのですか？」

「着ているものの間に潜望鏡が入って、吊り上げたという話は聞いたことがありますが、そもそも潜望鏡は潜航中にスムーズに回転するようにグリースを塗ってありますから滑ってしまって無理だと思いますが」

「実は、ボスのところにアメリカからオファーがありまして、役どころは潜水艦の艦長だと言うのです。その映画の出だしのシーンで泳いでいる女性の足の間から潜望鏡がぬーっと上がってきてその女性が潜望鏡に掴まって潜水艦の浮上とともに上がっていくというのを考えているようなのですが」

「うーん、そもそも潜水艦が人が泳いでいるような浅い海域に潜航して入って来るというのが無理なような気がするのですが」

「そうなんですか。ところで吉田さん、太平洋戦争中に日本の潜水艦がアメリカ本土を攻撃したというのは本当なのですか？」

「はい、真珠湾攻撃の翌年の１９４２年に伊25潜水艦は搭載した零式偵察機に小型焼夷弾を搭載させ、米西海岸に攻撃を行っているのです。攻撃した地点が山林だったので問題になるような被害は出なかったのですが、米海軍にはやはり衝撃だったようです」

「オファーされた映画の時代背景はその日本の潜水艦による米本土攻撃のようなのです。吉田さんは潜水艦でいらっしゃるのでいろいろ教えていただきたいのですが」

「海上自衛隊がということではなく、私個人がご協力できることはあるかと思います」

「よろしくお願いします」

「ところで潜水艦には乗られたことがあるのですか？」

「イヤ、全くありません」

「現在の潜水艦とイ号潜水艦では随分と違うところもありますが、やはり潜水艦ということでは共通する部分もありますから、イメージを膨らませていただくために一度見学に来られますか？　もっとも、潜水艦も行動がタイトなのでなかなか見学を割り込ませるのは厳しいですから、潜水艦の予定に合わせていただくことになると思いますが」

た。

「ぜひ、お願いします。早速にボスの予定を確認しまして連絡させていただきます」

自分で墓穴を掘ったかなと思いながら、横須賀に司令部のある第2潜水隊群に電話を入れた。

「監理幕僚、吉田です。ご無沙汰しております。実は……」

潜水艦部隊の監理幕僚に背景を説明して見学を申し込んだ。

「吉田、ダメだ。神戸に第3潜水隊群ができるほど修理艦が多いし、訓練に出港しているのもあるし、いるのは四半期整備の1隻だけで、これも次の長期行動を控えているからディスターブしたくない。というわけで今回は無理だな」

「しかし、四半期整備であれば大きな修理個所はないでしょうし、案内は私がやりますから艦には迷惑をかけません。今回の見学が直接、海上自衛隊の広報に資するとは思っていませんが、彼等は海上自衛隊のオピニオン・リーダーとしても期待できると思うし、海上自衛隊に強力な味方を獲得できると思っています。整備が大事でないとは言いませんが、海上自衛隊百年の計という視点からよろしくお願いします」

「吉田、お前、水雷長の時は広報の話を持って行くと広報も大切でないとは言わないが、きちんと整備をして即応態勢を維持しなければならないのに広報、広報で時間を取られて整備に支障をきたしかねないから少しは私のところでブレーキをかけろって言わなかったか？」

「あれ、そんなこと言いましたっけ？　でも、立場変われば言うことも変わるって言うじゃないですか。そこを何とかお願いします」

「この野郎、調子のいいことを言いおって。まぁ、他ならぬ吉田の依頼だ、何とかしよう。ただし、一回の貸しだからな。利息を付けて返してもらうぞ」

「了解です。よろしくお願いします」

見学当日、秀隆は男優とアシスタント・プロデューサーの2名を潜水艦に案内した。

士官室での概要説明が終わって、艦内の見学に行った。

発令所では秀隆がイ号潜水艦との違いを念頭に説明した。

「ここが発令所と呼ばれる区画です。潜水艦の頭脳に当たる区画で、全ての情報はここに集められ、命令が各部に出されます。

先ほど見ていただいたように副長以下の幹部の部屋が隣りの区画にあるのに対し、艦長室だけが発令所と同じ区画にあるのも、何かあると潜水艦では全ての防水扉が閉められてしまうので、艦長がこの発令所に入れないという事態があっては困るからです。

発令所の右舷側は――艦首に向かって右側ですが――オペレーション・セクションと呼ばれ、作戦に必要な戦闘指揮システムやレーダー、ＥＳＭが配置されています。左舷側がダイビング・セクションと呼ばれ、バラスト・コントロール・パネルを中心とした潜航を司るセクションです。

その一番前にあるのがジョイ・スティックとも呼ばれる潜水艦の操舵システムです。潜水艦には舵が三つあって通常の船の舵に当たる縦舵、深度を管制する潜舵、潜水艦の姿勢角を、すなわち潜水艦が艦首の上に向けているのか下を向いているのかという潜水艦の姿勢をコントロールする横舵とあります。現在のものは飛行機の操縦桿(かん)に似ていますが、イ号潜水艦では大きな舵輪(だりん)がそれぞれの舵用についていました。

真ん中にあるのが潜望鏡で一本は上がった状態。もう一本は降ろした状態にあります。どうぞご覧になってください」

「いやぁ、よく見えるもんですね」

「はい、日本が誇る光学技術が支えてくれていますから」

「本艦とイ号潜水艦とで最も違うのはイ号潜水艦では発令所の上に司令塔と呼ばれる耐圧の区画があって、魚雷の発射指揮装置などは司令塔にありました。艦長が潜望鏡で目標を観測するのも司令塔内です」

次いで、艦橋昇降筒の下に来て、

「それと今日は上がっていただけませんが、艦橋が違います。

本艦は水中で行動することが主となります。ソナー技術の発達に伴って雑音の発生もできる限り抑制しなければならないので、潜望鏡やレーダー・アンテナなど全てのマスト類はセイルと呼ばれる構造物で覆って音が出ないように配慮しています。このため艦内に入っていただく前にご覧になったようにセイルの高さはかなりあり、その前端に艦橋があります。

一方、潜水艦というより可潜艦、すなわち潜ることのできる船と言った方が良いイ号潜水艦では潜望鏡が水中で出す音については考慮されていません。もちろん、ソナー技術も今とは比べものにならないくらいに未発達でした。

さらに、可潜艦ですから水上の行動に重きが置かれ、できるだけ敵から発見されにくいように上部構造物は小さく、低く抑えられています。このため、イ号潜水艦の艦橋は本艦の艦橋よりもはるかに低い位置にあると思ってください。

それでも航空機を搭載したものでは格納筒が上甲板に装備されていますからドイツのUボートはもちろん、米国の潜水艦に比べても艦橋構造物は大きかったと思います」

潜水艦見学が終わって数日後、アシスタント・プロデューサーが秀隆を訪ねてきた。

「吉田さん、よろしいですか」

「どうぞ」

「アメリカから台本が送られてきて、我々の方で翻訳したものが上がって来ました。吉田さんに目を通していただき、何かあればご指摘いただければ助かるのですが。直接朱を入れていただいて結構です」

「少し時間をいただきたいのですが。いつぐらいまでにお渡しすれば良いですか」

「勝手を言って申し訳ないのですが、1週間ほどでお願いできればと思います」

「了解しました。お預かりします」

預かった台本を通読した秀隆は潜水艦に関する個所に付箋を付け、チェックが必要な個所に線を引いていった。

秀隆が知っている潜水艦はあくまで海上自衛隊になってからのものであり、日本海軍と同じであるとは限らない。日本海軍で潜水艦勤務をされた大先輩に連絡を取って、潜水艦勤務の状況、潜入・浮上の手順や号令、襲撃の要領、海上自衛隊の潜水艦では存在しない砲戦の要領などについて教えを乞うた。その結果に基づき秀隆は台本に朱を入れ、期日にアシスタント・プロデューサーに手渡した。

それから1年近くが過ぎ、秀隆は六本木での行儀見習いを無事卒業し、幹部中級機関課程に入校した。

ある日、海幕広報から件のアシスタント・プロデューサーに連絡するよう電話がかかってきた。何の用だろうと思いながら連絡を取ると潜水艦の映画が完成し、銀座で試写会があるのでぜひ来て欲しいというお誘いであった。

当日、試写会場に赴くと、用意されていた席は男優の真後ろである。

映画が始まった。

スイミングクラブの女性が全裸になって海に入って行く。

その女性の前に潜望鏡がぬっと現れる。恐怖に襲われる女性。

彼女は潜望鏡にしがみつく。そのまま潜水艦が浮上して来る。

滑るのにどうするのだと思っていたら、潜望鏡の途中にサルノコシカケのような小さな輪っかを設けてそこに女性が引っ掛かるようにしてしまった。監督はどうしてもこの出だしを撮りたかったに違いない。

そうこうするうちに男優演じる潜水艦長が艦橋に現れる。

見終わってみると予想していたものとは全く異なりドタバタのコメディであった。それだけに秀隆が朱を入れた潜水艦における号令などは正規のものを男優が真面目に発唱しているのが対照的でおかしみがあった。

席を立とうとすると、男優から

「吉田さん、こんなドタバタだとは私も知らなかったので、申し訳ないことをしました」

と挨拶されてしまった。

幹部中級機関課程

実習

幹部中級機関課程では基礎になる熱力学、材料力学からはボイラー、蒸気タービン、ディーゼル・エンジン、ガスタービン、さらには発電機、電動機、ジャイロ・コンパスなど機関科に属する機器に関して座学、運転法、分解・結合を含む整備法、さらには防火防水の応急、工作などを学ぶ。

ボイラー、蒸気タービン、ガスタービンなどは潜水艦には関係ない。幹部中級機関課程は元々水上艦艇の機関長要員を養成する課程なのだ。

秀隆自身は中級課程の希望を上司に聞かれた時、機関課程を希望する理由として、私が艦長になる頃には原子力潜水艦が導入されているかもしれないので、その艦長となるためにボイラー、蒸気タービンの勉強をしておきたい、と答えたのである。もっとも、上司も見抜いていて「建前は分かった。本音は？」と聞かれたので「自宅を持ったばかりなので引っ越したくない」と思わず正直に答えてしまった。

幹部中級機関課程はその特徴からか実機を使用した実習が多い。

ボイラー実習ではレンガ構築に必要なレンガの成形から始まる。

ボイラーはレンガを積み上げて作られた炉の中に、図のような水ドラム、蒸気ドラムや蒸発管などが収まっている。

レンガの積み上げ作業を構築というのだが、場合によってはレンガを半分に切断しなければならない。これを金槌とタガネだけで行うのである。科学技術の進んだ現代、切断するための機械がありそうなものであるが、機関科員が行うのはボイラーの修理補修のためであり、

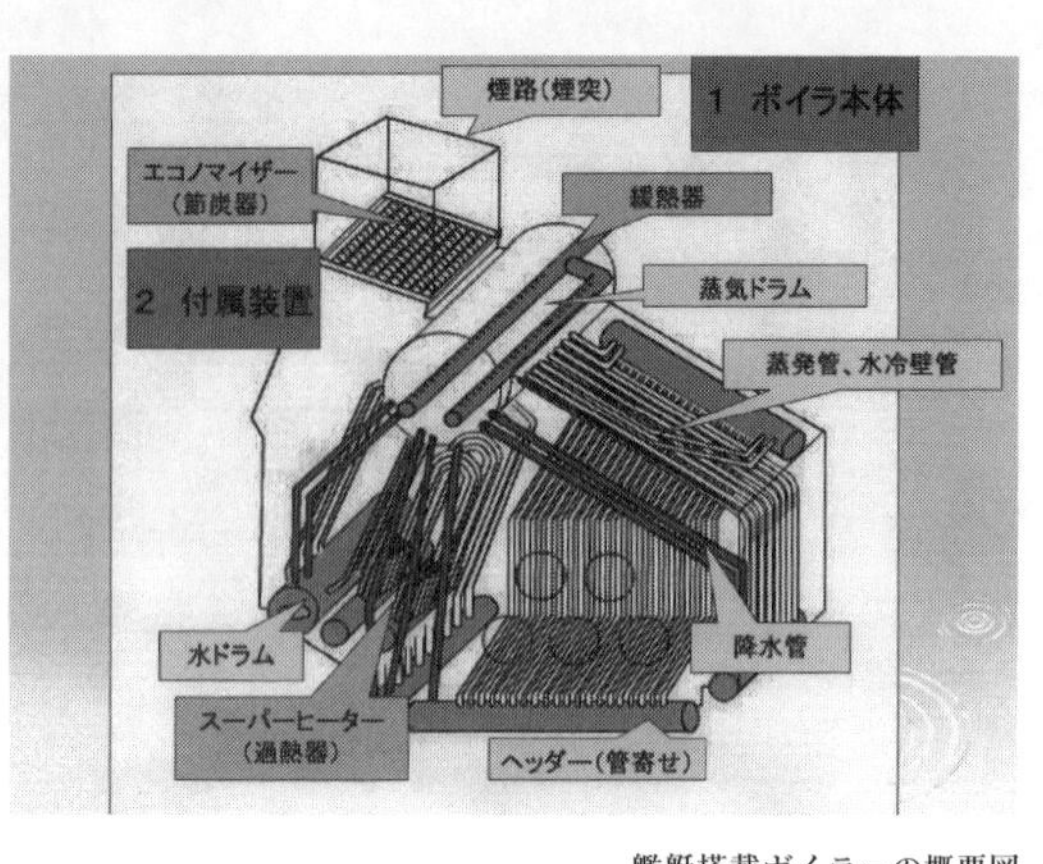

艦艇搭載ボイラーの概要図

そのほとんどがボイラーの炉内で行われる。だから機械を持ち込むことができず手作業になるのである。そのままタガネを当てて、金槌を振るえばレンガは割れるだけ。さらにレンガの内部に亀裂を生じかねず、レンガの構築に使用できない。

慎重にタガネと金槌を加減しながら切断したい個所にある深さまで筋を作っていき、そこで一気にタガネを打ち付けると、不思議なことにきれいに切断できるのである。

模範を示す海曹教官は苦もなくやってみせるが、これが結構、忍耐のいる作業で、しかもどのような性能のボイラーに使用されるレンガかによってレンガの性質が異なる。性質が異なると、入れる筋の深さも異なってくる。

この辺を理解して慎重に、根気強く作業しなければならない。シビラを切らし、もうこの辺でいいかと金槌を振り下ろすとレンガが割れてしまうだけである。使い物にならない割れたレンガの小さな山ができる頃にようやくきれいに切断したレンガが出来上がった

もう一つのボイラーの実習は点火、汽醸（きじょう）である。

点火・汽醸は、蒸気タービンを備えた艦艇が停泊状態から行動を開始するために、機関科が最初に行う作業である。

幹部中級機関課程を修業して機関長に補職されるとこの作業を指揮しなければならない。その指揮法を身につけるための実習なのである。

ボイラーには何本かのバーナーが装備されている。その中でスーパーヒータや蒸発管から最も遠い位置にあるバーナーを点火用として使用する。これはボイラーが十分にかつ均等に暖まっていない段階で部分的に熱せられるとボイラーの損傷に繋がりかねないからである。

点火用バーナーを引き出し、これにバーナーチップを交換してボイラーに挿入する。新しいボイラーは自動点火であるが、秀隆たちが実習したボイラーは手動で着火しなければならない。種火を点火用バーナーの覗き窓から差し入れ、火をバーナーに移す。そして、ダンパーを操作して通風量を調節する。通風量が大きすぎると火を吹き消してしまう恐れがあるからである。

頃合いを見て点火用バーナーから常用バーナーへ火を移し、バーナーの本数を増やして昇圧していくのである。この時も点火用バーナーに近い常用バーナー――つまり蒸発管やスーパーヒーターからより遠いバーナー――から順に火を移していく。

ボイラーの点火、汽醸実習が一段落すると、次にボイラー水の水質検査を行う。

実際の艦では停泊中は一日1回、航海中は2回実施するもので、水ドラムに取り付けられている採取管からボイラー水を取り出し検査する。不純物の濃度が規定値以下であることを確かめるのである。

ボイラー水の中に不純物が多いと蒸発管の中で不純物がスケールとして付着し、ボイラーの効率を低下させるだけでなく損傷の原因にもなる。湯沸かし器や湯沸かし型の加湿器を長い間使っていると加熱部分に白く固まった石のようなものができているが、これと同じことが蒸発管の中で起こるのである。

内燃機関の実習ではディーゼル・エンジンの分解・結合を行う。

行動中にディーゼル・エンジンが故障した場合、自分たちでこれを修理しなければならない。機関長はその指揮に当たることになるので、ここでもその指揮法を身につけることを主たる目的として中級学生にエンジンの分解・結合を実習させるのである。

中級学生は、護衛艦が搭載しているエンジンに取り組む者と潜水艦が搭載するエンジンに取り組む者との2チームに分けられた。潜水艦出身の秀隆は当然、潜水艦搭載エンジンの組に入っていた。

秀隆にとってディーゼル・エンジンの分解・結合は初めてのことではない。防大及び幹部候補生の時に機関実習として、第2術科学校で小さなディーゼル・エンジンを使い実習している。

さらに、練習艦隊では遠洋航海出発前の中間修理でディーゼル・エンジンを主機とする随伴艦において主機の気筒一つを受け持って分解・結合を実地に経験したこともある。

しかし、これまではただ言われたとおりに分解し、結合していっただけであるが、今回は各段階の作業で何に注意しなければならないのか、どのようなことが直接作業に当たる機関科員が陥りやすい間違いなのかといったことに意を用いながら作業手順に従って分解していく。

艦の機関室と違って実習場は比較的広さはあるといっても実機を扱うのである。一つ一つの部品に重量があり、かつ油で滑りやすい。

全てを分解し終わると、シリンダーの内径を計測してその摩耗の状況を把握し、ピストン・リングやクランク・ピンのメタルなどの摩耗の状況をチェックするなど必要な検査を終えて組み立てに入る。

組み立てを終わると試運転である。

試運転も無事に終わり、ディーゼル・エンジンを停止した際には必ず行うクランク室点検を行った。エンジン下部の点検口を開け、上から垂れてくる潤滑油（LOと呼ぶことが多い）をチェックしようとクランク室に手を入れかけると横から教官が手を出して来た。

教官がLOを手に取ったのを見た瞬間、その手が拳固に変わっていた。

「換えたばっかりのLOをお釈迦にしおって！　すぐに原因を調べろ」

組み立てたばかりのエンジンをまた、分解し始めた。

原因が分かった。エンジンを冷却するためにある清水管の取付不良である。このため、清水がLOに混入し、白濁し使い物にならなくなっていた。

全ての処置を終えてディーゼル・エンジンの実習を終了した。これまで何度か実習してきていたのでどこかに慣れた作業という気の緩みがあったに違いない。「慣れた航海、初航海」という先輩からの教えが身に染みた実習だった。

幹部中級機関課程の実習の花と言っていいのが防火、防水訓練である。

艦艇で応急と呼ばれる分野は大きく防火、防水、NBC防御、復元性能が含まれる。

NBC防御は艦が核、あるいは生物、化学兵器の攻撃を受けた場合、如何にして防御し、除染するかということである。

復元性能は艦船が傾いた時にどこまで傾けば元に戻れなくなるかという問題。基本は設計段階に関わる問題ではあるが、機関長としていわゆるトップヘビーや自由水効果などで復元性能が悪くならないように配慮しなければならない。

NBC防御と復元性能は座学のみ。艦での火災、浸水というのはあってはならないことではあるが、身近に起こりうる事象で、艦艇での防火、防水訓練は真剣にかつ頻繁に行われている。艦艇では実際の火や水を使うことはできないが、応急班の中核となる応急員、機関科員の教育に当たる第2術科学校では訓練施設を使用した実習が行われる。

ここでも幹部中級機関学生の実習の中心は指揮法にある。このため、海士の各課程が行う防火実習等と予定がうまく合うときは合同で行い、中級学生は消火法の説明から注意事項の示達、訓練の直接指揮などを行う。

防火訓練では大気汚染を考慮した排煙処理装置のある建屋内に設けられた丸タンクと模擬機械室に実際に火災を発生させて消火訓練を行う。

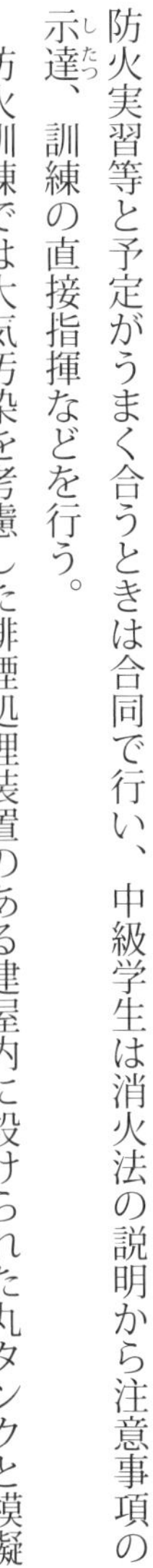

丸タンクを使用した防火訓練

火災は一般火災、油火災、電気火災に分類される。

電気火災は感電への配慮もあり、電気火災用の消火器を使用する。油火災では一般には水をかけてはいけないと言われるが水霧で火災を覆うことで酸素を遮断し、かつ冷却することによって消火することができる。もちろん、初期には消火器を使用するがそれでも火災が拡がった場合にはこの水霧による消火を行うことになる。そして、防火実習で行う消火法がこれである。

最初に取り組む丸タンクは、水霧によって油火災を鎮火できるということを実体験させるもので、燃えさかる炎と熱気に向かってホース一本を頼りに立ち向かって行くには相当の勇気がいる。

海上自衛隊には「休暇は前期、ホーサーはエンド」という言葉がある。カッターなどの重量物を人力で引き上げる場合、ホーサー、すなわち引き上げ索の前の方にいると荷重がかかって苦労するが、引き上げ索の端の方を持っていると楽ができるという意味である。

しかし、防火訓練の時には通用しない。

ホースの後ろの方にいると火災の熱気や気化した油、煤煙などが回って来て苦しい思いをさせられる。一番いいのはホースの先端についているノズルを持つ役である。

このノズルは万能ノズルと呼ばれ、高速水霧と直射流とを選ぶことができる。ノズルを持つ隊員は高速水霧を選択し、ノズルを自分の顔のほぼ正面に構える。そうすると水霧が熱気や煤煙などから自分を守ってくれることになり、呼吸ひとつにしても楽なのである。

万能ノズルを装着したホースを一本ずつ持った二つのチームが息を合わせ、丸タンクに接近する。まず、手前の火災を制圧し、丁度ガチョウの首のような恰好にホースを曲げて高速水霧の吹き出しを真下に向け、右の者は右に、左の者は左にノズルを振って水霧で掃くようにして火災を向こう側に追い詰めて消火する。

丸タンクで水霧によって油火災を消火できると実感すると、次は模擬機械室での実習である。

コンクリート・ブロックで作られた建物の中に護衛艦の機械室を模してグレーチングを敷いた通路が設置され、床面には廃油が溜められている。これに点火し、油が温まって火勢が十分強くなったところで学生は消火を開始する。

この時は、メインと呼ばれる消火を担当する万能ノズルのチームと、メインを防護し周りの火災がメインの方に拡大して来ないように抑止する役割を持つアプリケーターをホースに装着したチームが、一つのチームを構成して火災に立ち向かう。

秀隆は万能ノズルを持つ隊員の後ろに位置して、消火を進める方向を指示し、消火法について指導を行っていく。

次のページのその2の写真を見ていただきたい。通路にはグレーチングが敷かれていると先に述べたが、この下の火災を消すためにはノズルを真っすぐ下に向けグレーチングの下まで水霧が届くようにしなければならない。もし、ノズルが斜めに向いていると水霧はグレーチングに当たって水滴となって下に垂れるだけで消火は期待できない。

メインの隊員は足下の火災を確実に消して前へ進まなければならないが、海士課程の学生はさっさと足下を高速水霧で掃くと火が消えたかどうかも確認しないで遮二無二前へ進んで行ってしまう。

すると、小さくても火が残っていると水霧が通り過ぎた後で勢いを盛り返してくる。これが指揮官兼指導官の秀隆の足下で起こるのだからたまったものではない。

それに、その火を放置するとメインは火に囲まれ危険な状況に陥る。急いで引き戻して消火し直さなければならないのだが、フードをかぶって、前進ばかりに頭が行っているメイン

模擬機械室における防火訓練
その1

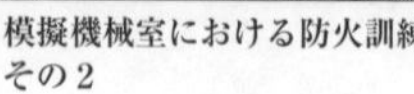

模擬機械室における防火訓練
その2

には怒鳴っても声が届かない。防火衣を掴んで引き戻し、耳元で大声でやり直しを指示し、改めて消火作業を進めさせる。

これを消火直後の熱気が残り、油の蒸気と煤煙が立ち上る状況でやるのは結構大変な作業である。

それでも万能ノズルとアプリケータが協力し、模擬機械室の火災を鎮火させた。機械室から出てきた海士達はやった！　という満足そうな顔をしていた。

第2術科学校での実習で楽しかったのは、工作実習である。

艦艇が洋上での修理が必要となった時、不足している部品を艦内で製作しなければならない状況が起こりうる。このため、艦艇には旋盤、溶接機材などの工作機械を装備した小さな工場がある。これを担当するのが機関科の工作員で機関長の指揮下にある。

したがって、中級機関課程では工作についても体験させるための実習が設けられている。

電気溶接、ガス溶接、ガス切断は将に体験するだけなのだが、旋盤を使用しての工作は図面と部材を渡され、旋盤を使って図面通りに部材を削っていき、文鎮を作成するのである。

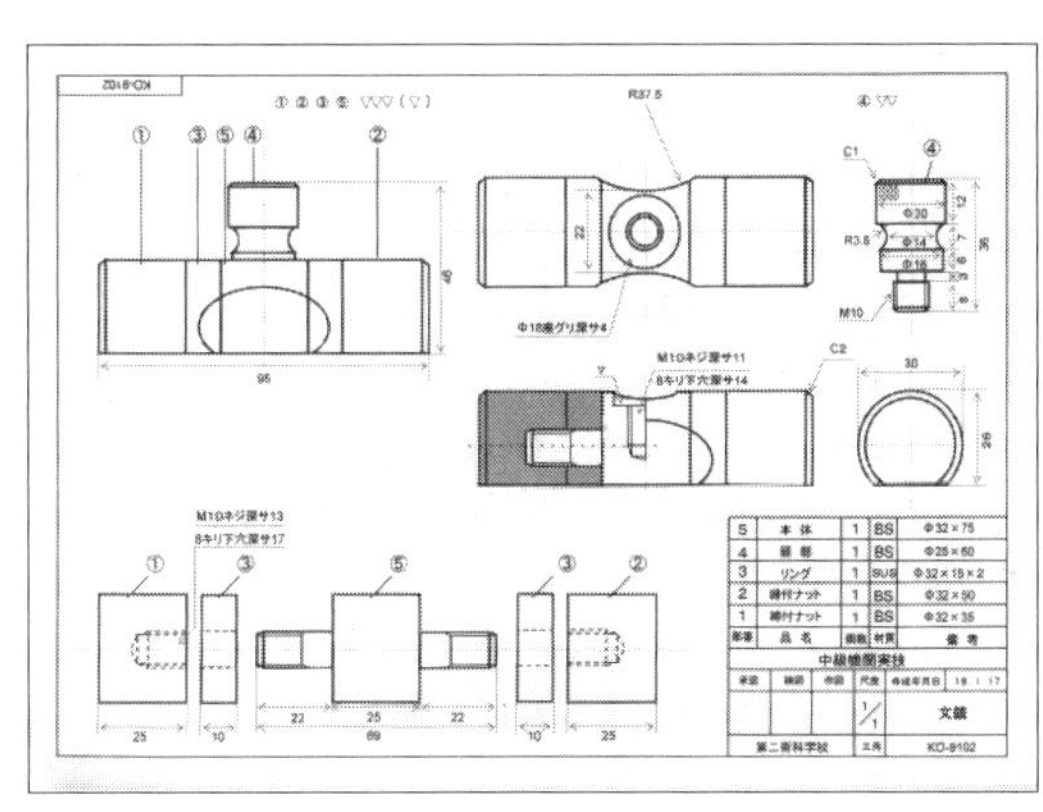

工作実習で使用される図面の例

丸みのあるところを削るのはバイトのX軸とY軸の動きを制御するハンドルをうまく調整しながら進めないといけない。ここで右手のハンドルに注意が集中すると左手のハンドルがおろそかになりうまく削ることができない。急に深くバイトを突っ込んでしまうとバイトそのものを折ってしまうことにもなる。削り終わると凄く肩が凝る。

さらに文鎮本体とつまみ部分はねじによって結合する。それぞれにねじを切り、填め込んで完成である。最後の教官が文鎮裏面に学生の名前を刻印して工作実習を終わる。

この文鎮は実習のいい記念として今も秀隆の手元に残っている。

潜水訓練

広島県江田島にある第1術科学校における中級共通課程では他の幹部中級課程、例えば幹部中級船務課程、幹部中級射撃課程、幹部中級水雷課程、幹部中級航空課程などの学生と一緒に各術科の概要、作戦要務、統率、図演を勉強し、人のつながりも拡げていった。

中級機関課程学生は1週間の潜水訓練も経験する。

護衛艦でも潜水艦でも潜水員を必ず乗り組ませることになっている。彼らが潜水作業を行う場合、機関長が潜水員を指揮することになる。したがって、指揮をする機関長が潜水をしたこともないのでは適切な指揮は期待できないとの配慮からであろう。

後輩達は新しくなった訓練水槽で実習を行うようであるが、秀隆達は屋外プールと旧訓練水槽を使用した。

旧訓練水槽は、潜水艦乗組員及び潜水艦教育訓練隊の学生が脱出訓練を行うことを目的に建造されたものである。その後新しくされ、従来からの潜水艦からの脱出を訓練するだけでなく、スクーバ、潜水、水中処分の各課程の学生に対する潜水、水中処分及び降下の訓練およびヘリコプター乗員の救難及び降下訓練も実施できるようになっている。

このため、訓練水槽は水深5メートルの多目的区画と水深10メートルの脱出訓練区画から構成されており、脱出訓練区画の底部には潜水艦の後部脱出筒が装備されている。

さらに、訓練水槽には外力を発生できる造波装置、水流発生装置、横風(おうふう)発生装置及びダウンウォッシュ装置が装備されている。

初日の午前中はプールの縁に掴まってマスクの排水法とスノーケルによる呼吸法及び排除法である。

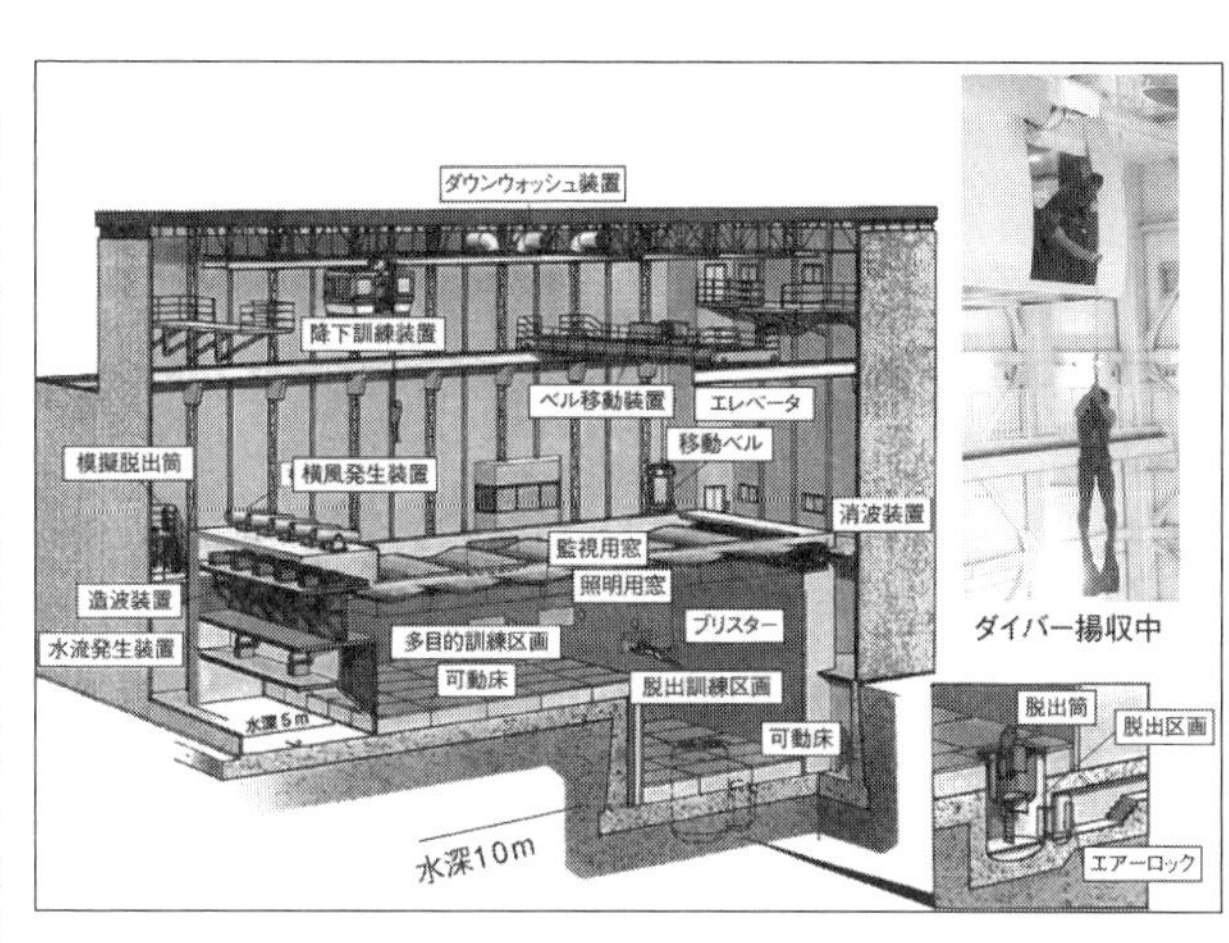

第1術科学校訓練水槽の概要図

マスクの排水法が済むとマスクを後ろ向けに着けて顔を水につけ、スノーケルで呼吸する。すると、教官が回ってきてやかんからスノーケルの中に水を注ぎ込んでくる。

教えられた呼吸法をしていないと思いっ切り水を吸い込むことになる。水が入ってきたと思ったらすかさず勢いよく息を吐いてスノーケル内の水を排除する。外から見ていると鯨が潮を吹いているように見えるのかも知れない。

午後になるとフィンと錘（おもり）を着けての泳法訓練である。ひたすらプールを行ったり来たり。終わる頃には様になる泳ぎになってきた。

第二日目はボンベを背負ってのスクーバ潜水に入る。

ボンベを使用する前のチェック事項を教えられたとおりに実施し、ボンベを背負う。一本のボンベだが陸上ではかなりの重さを感じる。

2メートルほどのプールの底を泳いで行く。

水の中だからとつい大きく息を吸い込んでしまうが、そうすると浮力が大きくなって体が浮いてしまう。その辺の案配を身につけるようにひたすらプールの底を行ったり来たり。

午後から脱着法を行う。緊急の事態の備え、潜水装備を外して水面に浮上する訓練である。プールの壁から潜って10メートルほど進み、ボンベをプールの底に降ろし、空気が漏れないように手当を行う。錘を外し、最後のマスクを外してボンベの上に置いて浮上し、元の位置に戻る。

次に素潜りで置いてきた装備のところまで行って装備を装着する。最初は早く空気を確保したいと思ってレギュレーターを咥え、ボンベを背負おうとする。しかしボンベが水中スクーターのようになり、さらに自分の方が浮いてしまってレギュレーターからの空気の圧力が上がってしまい、うまく呼吸ができない。

悪戦苦闘を繰り返すうちに少しぐらい息が苦しくてもプールの底に体を安定させるためにまず錘を装着し、マスクを付けてからボンベを背負って息を確保し、マスクを排水すれば良いことに気がついた。

3日目は10メートルの潜水である。

使用するのは潜水艦乗員の脱出訓練のために建造された脱出訓練水槽である。

訓練水槽の底には潜水艦の脱出筒の上部ハッチがあり、その下には実際の脱出筒と同じものが装備されている。

水槽内の状況を把握できるように全体が明るく照明されており、深くなるに従って光が届かずに暗くなることも水温が下がっていくということもなく、初心者も不安を感じなくてすむ。

さらに、水槽の周囲には何カ所か深度が異なるブリースターと呼ばれる場所が設けられていて、訓練員に何かあった時には教官が直ちに最も近いところに引き込んで事故を防止できるようになっている。

秀隆にとっては脱出訓練で何度かお世話になったなじみの水槽である。

最初は水面を慣らし運転のようにボンベを付けてゆっくり泳いだ後、バディを組んで脱出訓練用に設けられているガイドラインを手繰りながらゆっくり潜水して行く。時々耳抜きを行い、バディ同士状況を確認し合いながら10メートルを潜って行く。水槽全体が明るいのできわめて快適である。

底に着くと再度、お互いのＯＫを確認して、ガイドラインに沿ってゆっくり上昇して行く。

無理をしない範囲で直角法への挑戦の許可が出た。一般にはジャックナイフと呼ばれ水面で体を折って頭から潜水して行く方法である。

ジャックナイフは見た目には格好いいのだが、耳抜きがしづらいという難がある。それも慣れてしまえば問題なく行えるようになり、秀隆達中級学生は魚か何かになった気分で水槽内での泳ぎを楽しんでいた。

こんな楽しい訓練ならいつまでやっててもいいと思っているとまたたく間に終了時間となり、午後は潜水安全の座学と翌日の斜め潜水への注意事項である。

注意事項の最後に教官は、

「明日の斜め潜水を行うのは諸君達にも馴染みの江田内である。そこでは漁協の方が生活の場として漁業を営んでおられる。明日、潜って行く途中にも網が仕掛けてあるかも知れない。これには決して近づかないように。

諸君達の先輩でどんな魚が掛かっているのかと興味を持って網に近づき、自分が網に掛かって身動きできなくなり、脱着法の訓練をしておいたありがたさを身をもって体験した馬鹿がいる。

1術校としても漁協へのお詫びやら何やらで大変な迷惑をした。水中では必ずバディを崩さず、教官の指示に従え。いいか、絶対に漁網には近づくな！　わかったか？」

「はい」、「はい」、「はい」、「はい」。

斜め潜水当日、滑りに集合し、装具を整えて波打ち際に整列した。

そして、教官の指示に従い、バディーと共に海に入って行った。体を海に慣らす意味からもしばらく、水面を泳いだ後潜水を開始した。

訓練水槽と異なり潜るにしたがって、光は弱くなり、海水は冷たく感じてくる。滑りは西に向いて開けているのでしばらくは西に向かって泳いでいたが、途中で南に向きを変え、実習用に係留されている除籍された護衛艦の方に向かう。

護衛艦に達すると昨日座学で習った艦底検査の要領でその艦底を見て回り、さらに深く潜ってほぼ海底付近を這うように泳いで行く。この付近は水深が20メートル弱であるが、周りは薄暗い。それでも海底にこれは貝の給排水管かと思わせるものを発見したりして結構楽しい帰路となった。

滑りに上がり、装具を含め異常がないのを確認して教官に報告するとともに訓練期間の指導に感謝して訓練を終了した。

機関長

瀬戸内海航行

幹部中級機関課程を修業した秀隆は呉を定係港とする潜水艦の機関長に補職された。

これまで横須賀を定係港とする潜水艦勤務が続いてきた秀隆には初めての勤務である。

横須賀への出入港では国内屈指の航海の難所である浦賀水道があるとはいえ、出港してから4時間足らずで潜航できるが、呉では8時間から9時間かかる。しかも、通るのは瀬戸内海の西部である。

哨戒長が海図を持って艦橋に上がることはできないので、全ての島々、灯台、浅瀬などが頭に入っていないと操艦が不安になってくる。さらに島の見え方はどの方向から見るかで変わってくるのでその特徴も掴んでおかなければならない。防大、あるいは幹部候補生学校の乗艦実習で対景図をさんざん書かされた意味がよく分かった。

呉を出港し豊後水道を南下して潜航点に達するためには、まず、出港の配置が解散し、哨戒直に移るとその直の哨戒長は艦橋に上がって操艦に当たり、本州と江田島の間の海域を北上する。しばらくすると左折し、似島と江田島の間にある大須の瀬戸、さら大奈佐美島と能美島の間の奈佐美の瀬戸を抜ける。狭い水道を続けて通過するので、この間は航海保安部署が発動されている。

奈佐美の瀬戸を抜けて、広島湾を南下するコースとなり、小黒神島という島の辺りでまた、哨戒直に移行する。この頃には宮島が右艦尾方向に見えている。阿多田島、兜島などを右手に見ながら南下を続けると、かつての連合艦隊の柱島泊地の名前の由来である柱島が見えてくる。この柱島泊地で戦艦「陸奥」が爆沈した、
この辺で針路を東寄りに変え、怒和島水道に向かう。怒和島水道は愛媛県松山市の津和知島と怒和島の間の狭い水道で、これを抜けると広島湾に別れを告げ、伊予灘に入る。

それほど長い水道ではないが、ここでも航海保安部署が発動される。この水道では津和知

島と怒和島の間を結ぶ高圧送電線がレーダーに映り水道内に小型漁船がいるように見える。反面、送電線の映像と思い込んで行くと実際に漁船がいることもあるので注意を要する。

怒和島水道を抜けると潜水艦は針路を南西に取る。ここからが神経を使う航海となる。潜水艦の針路は機帆船航路と北航路を横切ることになるからである。

機帆船航路は松山沖にある中島と興居島の間にある釣島水道から山口県の屋代島、一般には周防大島あるいは単に大島と呼ばれる島と、その南にある平郡島との間の水道を通って関門海峡に向かうほぼ東西に延びる航路。北航路は釣島海峡から由利島、小水無瀬島、平郡島の南を通って関門海峡に向かう航路である。

通航量はかなり多く、機帆船航路を横切る付近にはセンガイ瀬と呼ばれる浅瀬があり、その南東及び南南東には山口県光市の大水無瀬島、小水無瀬島があって、行き会い船を避けることばかり考えるとこの浅瀬や島に近付き過ぎてしまう。

秀隆が着任して最初の航海の時、航海計画を見ていると怒和島水道から北航路付近で潜水艦がかなりの時間、止まっているように見える計画となっている。どうしたのかと思っていたが、出港してみてそのわけが分かった。

瀬戸内海に不慣れな秀隆のために機帆船航路と北航路付近の航海の難所に習熟できるようこの海域を何回か往復するように計画されていたのである。

北航路を過ぎて伊予灘を南西に走ると四国の北西端、佐田岬と九州大分県の佐賀関半島との間にある速吸（はやすい）の瀬戸を抜けて豊後水道に入る。速吸の瀬戸では釣島水道から四国沿いに豊後水道に向かう南航路と交錯するのでやはり注意しなければならない。速吸の瀬戸でも航海保安部署が発動される。

そして、豊後水道の出口付近でようやく潜航点となるのだが、横須賀勤務の長かった秀隆にとってとにかく長い航海である。

呉に帰投する場合はこの逆を行くわけだが、最初の難関が豊後水道入り口手前で遭遇する漁船群である。

横須賀に帰投する場合も浦賀水道入り口付近では漁船とよく出会うが漁船群と言うほどのものではない。

この日、秀隆が哨戒長として勤務中、夜間に浮上して豊後水道に向かうと前方には漁船の明かりが一直線に連なっている。これを迂回しようとすると右は室戸岬、左は宮崎県の細島（ほそじま）港（こう）にまで押し出されてしまいそうなくらいに明かりが続いている。

秀隆は艦内通信系の一つである７ＭＣを使って、

「発令所・艦長室・士官室、艦橋。哨戒長から艦長へ。前方に漁船群の明かり。現在のところ切れ目は見あたりません。このまま、予定針路を進み、漁船の状況を見ながら突き切ります」

「艦長室。了解。上がる」

艦長から応答があった。

しばらくすると艦長が艦橋に上がって来て、

「今日は特に多いね。注意していこう。オリジスはあるね？」

「はい、あります。浮上後、点灯も確認してあります」

オリジスというのはオリジス信号灯の略で潜水艦が浮上中、発光信号を送る必要が生じた時に使用する手持ち型の信号灯である。レバーを握り続ければ探照灯としても利用できる。

近付いて行くと単なる明かりの列だったのが、漁り火に照らし出されて漁船が闇の中に浮かび上がってきた。その多くは左から右へ操業しながら移動しているが、漁船の動きは予断を許さない。それに、海上法規では操業中の漁船を避けなければならない。

まさに漁船の間を縫うようにして北上を続けて行った。時々、艦長はオリジスで潜水艦の船体を前後になめるように照らして漁船の注意を喚起していた。

海上衝突予防法では50メートルを超える船舶は、「前部にマスト燈1個を掲げ、かつ、そのマスト燈よりも後方の高い位置にマスト燈1個を掲げること」と定められている。

しかし、潜水艦はその構造上、マスト灯、舷灯、艦尾灯（船尾灯）しか装備していない。その装備位置の関係からも往々にして小型船と誤って判断されやすい。

このため、艦長は船体の大きさを示すためにオリジスで船体を照らして見せたのだが、たまたまその光がある漁師の目に入ってしまったらしい。その漁船が集魚灯の一つを潜水艦に突如として向けてきた。

「機関長、明かりを見るな！」

と艦長が叫んだが、時遅く、秀隆もしばらく視界を失ってしまった。

すぐに発令所に、

「発令所、艦橋。哨戒長から哨戒長付へ・漁船に照らされて見えていない。艦首方向を重点に潜望鏡観測を厳となせ」

と指示をした。幸い、すぐに目を閉じていたので、暗反応としては比較的早く視界を確保して事なきを得た。

電池の管理

潜水艦の機関長の職責の中心は職名が示すように潜水艦の機関に関するものである。主機であるディーゼル・エンジンに携わる内燃、コンプレッサーや冷凍機、冷房機等を扱う補機、主畜電池、主発電機、主電動機等を担当する電機、ジャイロコンパス、艦内通信装置の責任を負っているＩＣと四つのパートが機関長の下に属している。

真水の管理も機関長の職責であり、出港の前になると機関士が真水計画を作成して持って来る。

乗組員の生活習慣の変化、造水器の能力向上などとともに潜水艦の行動予定を勘案して真水計画を承認する。

秀隆が潜水艦に初めて乗り組んだ時は真水の一滴は血の一滴にも等しいと言われ、ひたすら節水に努めてきた。朝起きても特段顔を洗わないし、食後に歯を磨くこともまずなかった。トイレに行った時も洗面器の底に申し訳程度の水を溜めて指先を洗うのがせいぜいだった。それが、今では食後にはほとんどの乗組員が几帳面に歯を磨くようになっている。これだけでも一日の真水の使用量はかなり増加してくる。

一方、真水を作る方は逆浸透膜を利用した造水装置が搭載されるようになり、能力が向上した。逆浸透膜というのは植物の根を覆っている浸透膜を逆に使用するのである。

濃度の違う液体の間に浸透膜を置くと、濃度を均一にしようとして薄い方の液体から濃い方に膜を通って浸透して行く。

この膜を利用して濃度の濃い方、すなわち海水側に圧力をかけてやると真水を取り出すことができる。海水の淡水化プロジェクトに利用されたり、広く一般に普及している方法と同じである。

潜水艦の洗面台
（左が閉じたところ、
右が開いたところ）

また、機関長は潜航係士官として潜水

艦の潜航全般について責任を有している。出航後最初の潜航を特にツリムダイブと呼ぶが、前回のツリムダイブで「ツリム良し」と報告された時点での各ツリムタンクの海水量を元に、それ以後どの区画でどれだけの重量の変化があったかを記録から計算を行い、ツリムダイブ前にツリムタンクの海水量の調整を行う。

簡単に言うと前回のツリムダイブから乗員が1名増えたとすると乗組員1人の重量を65キログラムとして、この分が増加した訳であるから補助タンクから65キログラムの海水を排水しておく。

潜水艦の乗組員が出入りの度に舷門においてある台秤(だいばかり)で、持ち込んだ荷物、持ち出す荷物の重さを量り、どの区画から持ち出したのか、持ち込んだのかを記録しているのもそのためである。

ただ、燃料の増減だけは注意を要する。燃料を消費すれば潜水艦は軽くなると考えられがちだが、潜水艦の燃料タンクは非耐圧構造となっており、常にタンクの中と外の圧力が等しくなるよう艦外に通じる管系統は設置されている。

燃料タンクでは上に比重の軽い燃料、下に比重の重い海水が存在し、燃料の変化は海水と置き換えられる構造になっている。このため、潜水艦の燃料を消費するとその分海水が増えることになり、潜水艦は重くなることになる。逆に燃料を搭載すると海水を押し出して燃料の量が増えるので潜水艦は軽くなる。

機関長は潜航前に潜航係士官補佐――通常、機関士が指定されている――が持ってきたツリム計算をチェックして良ければツリム調整を行わせる。

そして、ツリムダイブにおいて「ツリム良し」が報告されると各ツリムタンクの量を記録させ、計算結果と比較してどれだけの差があるのかをチェックする。あまり大きな差が生じている時はその原因を調べ、艦長に報告する。

特に修理に入った時は気を使う。修理のためいろいろな機械が陸揚げされる。これらをこまめにチェックしておかないと修理直後の最初の潜航で大変なことになり兼ねない。機関長として造船所に厳しく申し入れる所以でもある。

主蓄電池の維持・管理は機関長として最も気を遣う職務の一つである。

海上自衛隊の潜水艦は通常型と呼ばれ、その推進方式はディーゼル電気推進である。すなわち、水上航走の場合は主機であるディーゼルエンジンを運転し、それに直結した発電機を駆動して電力を得、電動機を回して推進軸に伝えている。水中では主蓄電池から電力を得て電動機を運転する。

したがって、水中での行動が命の潜水艦にとって主蓄電池の一ポイント（電池の容量は通常電解液の比重を基に何ポイントというように表現される）が血の一滴にも匹敵するほど重要なのである。

作戦中であれ、単なる移動中であれ、機関長は主蓄電池の容量を把握し、艦長が必要とする時に必要な動力元を提供する必要がある。特に作戦中は接敵、攻撃、回避に必要な電力を常に維持しておかなければならない。

秀隆には苦い経験があった。

年に一回行われる海上自衛隊最大の演習、海上自衛隊演習に参加した。

護衛艦部隊、航空機によって守られた重要な目標に対する攻撃が最も大きな任務であった。司令部から送られて来る目標部隊の動静を分析しながら、艦長以下どこで待ち受けるかを検討し、第一段はこの海域で、そこで捕捉できなければここでというように待敵の方針を定めてきた。

その時、艦長から特に、

「機関長、言うまでもないがいつ会敵してもいいように電池の容量は確保しておいてくれ」

と指示されていた。

会敵が予想される日、海上模様は悪化の方向で海上には白波が立っていた。うねりも大きく、雨は降って来ないものの空は厚い雲に覆われて、潜望鏡深度では船酔いしそうなくらいに潜水艦は揺れている。

潜望鏡で目標を視認するためには楽ではない海上模様だが、全体としては潜水艦にとって有利な状況にある。

この状況を利用して、日の出までには十分な充電を行うことができ、予想される会敵時期には艦長が望む十分な電池容量を確保することができていた。

ＥＳＭには重要目標の前程を哨戒していると思われる航空機のレーダー波を探知している。

会敵の予想時刻は刻々と近付いて来るが、ソナーには目標の音源が入って来ない。

波、うねりの影響を排除して潜望鏡でよく見えるように深さを浅くして目標が来ると予想される方向を捜索しても波、うねり、雲が見えるだけである。

ソナーにも護衛している護衛艦の探信音すら聞こえてこない。

会敵予想時刻を過ぎても現れない。

１時間が過ぎ、２時間、３時間……。

「海上模様から目標が遅れているのだろう。もう少し、ここで様子を見よう」

艦長が決心した。

「運転室、現在の容量知らせ」

秀隆は電池容量を確認した。返ってきた答えは、電池の容量は接敵を開始する時の目安を割り込んでいることを示している。

「艦長、電池容量が指示いただいた値を割り込んでいます。このまま、会敵すると襲撃後の回避の時に電池容量が足らなくなる恐れがあります。せめて15分、スノーケル充電をお願いします」

「うーん、機関長。目標の部隊は目前なのだからここでスノーケルは厳しい。このままで乗り切ろう」

「了解しました。それでは特別無音潜航にしていただいて、節電に努めたいと思います」

「わかった。哨戒長、特別無音潜航」

哨戒長からの特別無音潜航が艦内各部へ伝えられる。

作戦に必要な最低限の機器以外は停止してしまう。冷蔵庫も冷凍庫も停止する。

本来はパッシブ・ソナーに対する対策ではあるが、節電効果も大いに期待できる。

「補給長、向こう3食分の冷蔵品、冷凍品を出したら以後、冷蔵庫、冷凍庫の開閉を禁止する。冷凍機を停止する」

冷蔵庫、冷凍庫を開け閉めすると庫内温度が上がるので必要な分を出して、以後締め切りにしてしまうのである。

「運転室、機関長。1時間毎に艦内を巡回し、不要な電気を消して1アンペアでも稼ぎ出せ」

その時、

「ESM探知。航空機レーダー波。感4。近い」

「潜望鏡降ろせ」

さらに、急速深度変換の命令が飛ぶ。

「潜横舵、下げ舵いっぱい」

潜水艦は艦首をぐっと下げて、深みへと潜って行く。

「ソナー探知。１２１度。探信音、感３」

「ソナー探知。１３０度。探信音、感３」

「ソナー探知。１０９度。探信音、感３ないし4」

「ソナー探知。95度。探信音、感３」

「ソナー探知。１３８度。探信音、感３」

深さを変えたことによって、次々と護衛艦部隊の探信音が聞こえて来た。

海水の温度の変化によって音速が変わり、音が屈折することによる影響である。場合によって遠い目標の音がすぐ近くにいるように聞こえたり、近くの目標の音がほとんど聞こえなかったりする。

「哨戒長、１０９度の探信音に対してアスペクトを小さくしろ。最微速」

護衛艦に探知されないように探信音に対し反射面積を小さくし、一方でドップラー効果を抑制するのである。

じっと耐えながら探信音の変化に注意を向ける。

何かがおかしい。探知されたのであれば、それなりの動きが出て来なければならない。それに定められた攻撃表示も送られて来ない。と言って行き過ぎる様子もない。

何となく居座っているような感じである。

「これは、荒天のせいで対潜捜索もままならず、速力も出すことができないで護衛艦も相当難渋しているのではないかな」

「そんな感じですね。しかし、こちらも頭を出せませんし、忍の一字ですね」

そう答えながらも秀隆の頭の中は電池容量のことが大半を占めていた。

時間が刻一刻と過ぎていくのに比例し、電池もいくら節電しても刻々と消耗していく。

どのくらいの時間が経っただろうか。

頭の上の護衛艦部隊はさすがに遠ざかったようである。

しかし、電池の方も危険なまでに消費していた。

「艦長、電池容量が危険な域に入っています。露頂時を含め以後、速力変換されると電源が落ちる可能性がありますので、この速力で露頂をお願いします」

全周を慎重にソナーで捜索し、危険な目標がいないのを確認して露頂を始める。万一、緊急の事態があっても回避のための速力を使えない。

幸いにも何事もなく露頂した。

潜望鏡、ＥＳＭで相手部隊の状況を確認し、

「哨戒長、スノーケル」

艦長の短い命令に応じ、

「スノーケル用意、２機運転」

の号令が艦内に流れ、潜水艦は息を吹き返した。

スノーケル充電が異常なく開始されたのを確認して、秀隆は艦長に詫びた。

「艦長、電池容量を危険な状態に持ち込むようなことになってしまってご心配をおかけし、申し訳ありませんでした」

「機関長、今回のことは私の戦術判断がまずかったのが原因で機関長が謝ることではない。機関長が艦長になった時にこの経験を生かしてくれれば私も浮かばれるがな」

電池の性能が劣化していたらと思うと背中に寒いものが走る。

それだけに電池を管理する上で重要な容量試験には十分な注意を払わなければと秀隆は思っていた。

容量試験は平たく言えば満タンに充電した電池を定められた放電率で放電していった時に容量が0になるまで、計測の上では標示電池の電圧が定められた値になるまで、何時間放電を持続できるかを計測することで行われる。

方法としては陸上に設置されている放電水槽を使用する方法と潜水艦が実際に走って行う方法とがある。

実際に航走して試験を行う場合、試験中は大きな舵を使うことを避けるとはいえ、どうしても行き会い船を避けたり、針路保持のため舵を使用したりすると放電量に影響が出て不正確さを伴う。このため、放電水槽を使用する方法が主流である。

ただ、今回の試験は放電水槽の都合もあり航走試験を行うことになった。

容量試験の最初は、試験前日にすべての電池を全放電に近い状態になるように比重調整を行い、航走試験の出港時刻に合わせて均等充電を行う。

均等充電とは、通常充電では回復しなかった作用物質を十分に回復し、かつ各単電池の状態を均一にするための充電のことで、その他の充電として必要に応じ、放電量に応じて随時実施する部分充電がある。行動中の充電がこれである。

一部分あるいは全部放電した電池をほぼ完全な充電状態に戻すための通常充電。それと蓄電池を休止中に自己放電によって失われた容量を回復するための補充電。これは長期の修理中に行われる。

均等充電では、充電の開始前に電機員総出で電池室に入り、各電池の液面を計測して充電後2時間の液面が規定の液面になるように補水する。

補水する水は水道水を入れる訳ではなく、純水を使用する。電池内に補水する前には必ず抵抗値を測定し、値が規定の値以上にあることを確認してから行う。

また、電池室に入る電機員はすべての金属、導電物資から成るものを身に着けないで電池室に入り、作業を行う。これは、万一にも電池を短絡させることを防止するためである。

電池室の準備が終わるとチェックオフリストに従って充電前点検が行われる。

充電前点検を終了し、各部の準備がＯＫであることが確認されると、主機を起動する。暖機運転が終了すると充電を開始する。充電はほぼ一晩かかる作業で、充電終期に定められた手順で群電圧、標示電池電圧などを測定し、条件をクリアすれば充電は終了する。

通常の均等充電であればここで主機を停止するのだが、容量試験では試験開始まで電池を浮動状態に維持する必要があるので主機は運転を続けたまま、潜水艦は出港準備作業に入っていく。

係留岸壁を離れ、予定海域に到達すると周囲の状況、特に行き会い船の状況を確認する。いよいよ試験開始である。

規定の放電率に対応した速力が下令され、次いで、

「電池航走」

の命令が出る。主機が停止し、電動機は電池からの電力で駆動して行く。

同時に複数のストップウォッチが押される。

機関長の秀隆は科員食堂にセットした電圧計の前に陣取り、いつでも電圧を確認できるように待機していた。

放電の終了時期が近付いてくる。

秀隆は立ち上がって、電圧計の針と電圧計に付いている鏡に映った針の像が完全に一致して見えるように姿勢を取り、動きを注視する。

定められた電圧に向けて針が振れていく。

最後は針と鏡の中の像の目盛りが重なる時を見定めることになる。少しでも正確を期すため、秀隆は虫眼鏡を持ち出し、拡大してその時を判定する。

「間もなく放電終了」

「用意、てぇー。放電終了」

ストップウォッチが押され、全てが秀隆の下に集められる。それぞれの値を記録し、大きな誤差のないことを確認してその平均を放電時間とした。

そして、その値が艦長に報告され、同時に艦内に伝えられると各部で、

「おうー!」

という声が上がる。

実は試験に入る前に乗組員全員で放電時間を予想するクイズを実施していたのである。艦長賞、機関長賞、ブービー賞が用意されていて、乗組員は過去のデータを参考に思い思いに投票していたのである。

一方、艦橋からは、

「2機運転」

が令され、潜水艦は係留岸壁に向かう。

入港すると均等充電を行う。

今回の試験では電池は十分な性能を維持していることを示していた。

指揮幕僚課程

試験

海上自衛隊に勤務して感じることの一つに教育を受ける機会が多いということが挙げられる。幹部候補生学校に始まって、練習艦隊に乗り組んでの国内巡航、遠洋航海もまた教育の場である。

艦艇勤務の場合、命じられた職務に就くには最低限必要な知識や技能を習得するための任務課程も必要とされる。例えば、護衛艦の通信士あるいは船務士に配置されると幹部任務船務課程に入校する。

幹部任務船務課程は広島県江田島にある第1術科学校で行われる約六週間の課程で、通信要務、交話法、信号、航泊日誌記注要領、捜索機器の種類と特性及びその基本操法、電子戦、CIC作図などの教育を行っている。

さらに2尉の終わり頃から1尉にかけて自分の専門術科を決める幹部中級課程に進む。その中の一つ、幹部中級機関課程については先に触れた。

幹部中級課程を終わると、これから述べる指揮幕僚課程あるいは幹部専攻科、さらにその上の課程としては海上自衛隊幹部学校の幹部高級課程、統合幕僚学校、防衛研究所がある。

これらの課程のほとんどは選考によるものであるが、唯一選抜試験のある課程がある。

海上自衛隊幹部学校に設けられている指揮幕僚課程と各術科学校において自分の術科についてより深く研究を行う幹部専攻科である。

指揮幕僚課程は海上自衛隊ではCSと通称される。

海上自衛隊幹部学校は上級の部隊指揮官または幕僚としての職務を遂行するのに必要な知識及び技能を習得させるための教育訓練を行うとともに、大部隊の運用等に関する研究を行うことを目的として設立された教育機関である。日本海軍や外国海軍の海軍大学に相当する海上自衛隊の最高学府と言える。

指揮幕僚課程は1等海尉に昇任後規定の年月を経過し、幹部中級課程を修了している幹部が受験する。受験も無制限に可能なのではなく、年齢及び受験回数に制限が設けられている。

合格すると1年間幹部学校で研鑽することになる。

この1年間は大変に密度が濃い。講義は安全保障、戦略、国内外情勢、情報、作戦、作戦要務、戦術、各種戦、防衛産業、後方体制、研究開発、経理、人事、指揮、統率、管理など幅広い分野について幹部学校教官だけでなく関係する各省庁、統幕、陸幕、海幕、空幕、大学から一流の講師が来て3時間を1コマとして午前、午後各1コマの講義が行われる。

講義だけではなく、各界の著名な方が招へいされての講話も実施される。

さらに学生には様々なテーマの課題答申が課され、答申提出後には必ず討論会が行われて教官を含めてかなり激しい議論が交わされる。

また、幹部学校だけにこもっていては得られない生の空気に触れ、視野を広げるために海外を含めて現地研修も行われる。

海上自衛隊に勤務していながら意外と知らない陸、空自衛隊の部隊研修を通じ、協同作戦を実施する場合に必要なものを汲み取り、日本の先端技術の動向や海外の事情に触れるのも現地研修を通じてである。

締めくくりは、図上演習である。幹部学校が誇る図演装置を使用し、学生は二つのグループに分けられ、与えられた想定に基づき、作戦計画を策定する。

その作戦計画に基づき、図演装置上にそれぞれのグループの部隊が展開し、状況が進展していく。部隊が衝突すれば、図演装置のコンピューターがサイコロを振って戦果、被害を判定する。そして、必要な段階、段階で図演を統裁している教官から指揮官配置にある学生に意思決定が求められる。

事後の研究会ではテーマになる状況が選択され、その時の指揮官がどのような情勢分析をし、なぜそのように意思を決定したのかが検討される。先の課題答申に対する討論会でもそうだが、研究会、討論会には学校長以下ほとんどの教官が参加してくるのが通例である。そして、様々な方面から厳しい質問が飛ぶ。

これほどの教育を受けた卒業生に対する海上自衛隊の期待は大きなものがある。それは本人の将来にも大きな影響を与える。しかし、ＣＳを卒業したからといって将来の栄達が約束される訳ではない。

その指揮幕僚課程の選抜試験は１次試験と２次試験からなり、１次試験は英語、用兵事項及び一般素養、兵術課題と専門課題からなる筆記試験である。

２次試験は安全保障、指揮・統率・管理と用兵の３分野に関する口頭試問である。

海幕から出された受験に関する文書に基づき希望者は願書を提出する。この時、専門課題の希望専門課題名を指定する。

１次試験は１月上旬頃に行われる。試験当日、受験者は指定された受験会場に赴く。

初日は英語と用兵事項及び一般素養である。英語は辞書の持ち込みが許可される。出題はジェーン海軍年鑑の巻頭言、安全保障、戦略に関する論文から出題されることが多い。

試験が終わってトイレに立った時、一緒に受験した同期に声をかけられた。

「吉田、どうだった」

「おう、まあまあだったな。貴様は？」

「うん、まずまずと思うが、一つだけ意味の分からん訳があった。１空群がどうしたこうしたというのがあったろう」

「なんだそれ？」

よく聞いてみると「ＩＡＷ」の訳に窮して1空群としたらしい。米海軍の略語好きがおかしなところで影響を及ぼしてきた。

ＩＡＷはin accordance withの略語であり、米海軍の文書あるいは電報にしばしば登場する。一方、1空群、すなわち第1航空群は航空群をＡｉｒ Ｗｉｎｇと英語表記することから略語表記すると1ＡＷとなる。

次の用兵事項及び一般素養は中級課程で学んだ各術科に関する問題と戦史、国際法、防衛法令、社会情勢から出題される。

受験に先立って秀隆は艦長から、

「機関長、ＣＳの採点は加点法と聞いたことがある。したがって、絶対に白紙では出すな」

と注意を受けていた。

分かっていても自分の特技とあまり縁のない分野にどう対処するかである。

航空基地の近くで火災が発生した場合、司令として採るべき処置を問われて、航空基地における規則等をよく知らない秀隆は行き詰まってしまった。

民家の火災現場で自衛隊における防火訓練よろしく隊員が積極果敢に飛び込んで行ってかえって消防の迷惑になったという話を聞いたことも思い出し、中級で習った覚えがないのは居眠りのせいと悔やんでみても始まらない。

ままよ白紙よりはと、

「1　状況の把握に努める。2　上級司令部に報告する。3　派遣防火隊の準備を行う」と回答した。状況の把握と報告は自衛隊においていついかなる時も求められることなので正解の項目の中に必ず入っていると考えての記述であった。その結果がどうであったかは分からない。

中にはもっと豪傑がいた。

一般素養の戦史の出題で「1921年のワシントン条約について記せ」という問題で答えに窮した同期は「パンダ、コアラ等の稀少動物を保護する条約」と答えた。

海軍軍縮条約である1921年のワシントン条約について答えに窮するのも海上自衛官として如何なものかと言われかねないが、年を無視してワシントン条約だけに着目して回答した神経は相当なものである。

兵術課題は安全保障と指揮・統率・管理の二つの分野から論文が提示され、これに基づき小論文を作成するものである。

専門課題は12時間対策と通称されるように出願時に提出した希望の専門分野について12時間をかけて論文を作成し、提出するものである。問題はほとんど1行程度で示される。

秀隆は自分の特技である潜水艦で希望を出したが、示された課題は「海上自衛隊の現状に鑑み潜水艦の戦闘力向上のために個艦において採るべき方策を述べよ」というものであった。

答案用紙はＢ５版の海上自衛隊定型の罫線紙である。

まずは気持ちを落ち着かせるために、答案用紙の罫線の幅を測り、1行あたり30字くらいになるように罫線の上と下の枠に印を付け、ボールペンで縦線を引いて答案を記述する時の下敷きとなる用紙を作成する。

そうしながら、題意と目次体系を考える。

出題者は現在の潜水艦の戦闘力に何らかの問題があると認識しているに違いない。どうすれば問題点を浮かび上がらせることができるのか。そもそも問題点とはあるべき姿があって現状がそのあるべき姿に到達できていない差の部分と考えることができると秀隆は定義した。

さらに「海上自衛隊の現状に鑑み……」と枕詞があるということは潜水艦の戦闘力についてどのように現状を把握しているかを整理して展開しておかなければならない。

現状、さらに問題点の記述では日頃の不満のはけ口とならないように注意する必要があると秀隆は自らを戒めた。

今ひとつの問題は個艦においてという設問である。海幕なり、潜水艦隊司令部なりの高いレベルでの解決策を求められているわけではない。かといって一科長のレベルでもなく「個艦において」とは「艦長として」と言い換えて考えなければならないと秀隆は認識した。

こう考えてくると目次体系は「はじめに」、「潜水艦の戦闘力」、「現状」、「問題点」、「個艦において採るべき方策」そして「おわりに」となるはずである。

分量の配分は「はじめに」と「おわりに」は罫紙1枚強、本文で「方策」は当然中心となる部分なので残りの6割程度のページは割かなければならない。残りで「あるべき姿」、「現状」、「問題点」を要領よくまとめていく。

方針が決まれば、時間配分を考えながら与えられた作業紙に目次体系に従って記述しなければいけない項目を列挙していく。取り挙げていく順番もおそらく採点官が読もうという意欲をそそるかどうかに影響するだろう。そんなことを考えながら項目を列挙し終わるといよいよ答案を記述していく。

昼食と夕食の30分の時間を挟んで誤字、脱字がないように注意をしながら書き進め、提出時間の30分前に全体の読み返しを2回行った後に答案を提出した。

「機関長、ちょっと来てくれるか」

艦長に呼ばれて行くと、

「おめでとう！　1次に合格している。引き続き2次に向けて頑張ってくれ」

「有難うございます。頑張ります」

「機関長、2次は試験官が居並ぶ前での口頭試問。自分の将来がかかっているとなると緊張するなと言っても緊張するのが普通だけれど、まず、試験官とは決して喧嘩するな。特に用兵は圧迫質問と言われている。とにかく、意地悪な質問が来ると覚悟した方がいい。その時に、かっとして喧嘩してしまうと緊迫した状況の時に冷静な判断ができないヤツと思われて、これまでの努力が水の泡になってしまう。

それと先ほども言ったが、緊張するなと言っても緊張してしまう場面だが、できるだけ平静心を保って気持ちにゆとりを持って臨んで欲しい。

海軍大学時代の入試でこんな話が残っている。機関長も知っているように海軍大学を卒業しなければ将官にはなれないと言われるほど海軍大学の受験は海軍将校の将来に大きな影響があったわけだから、受験生の重圧も大変なものだったのだろう。そんな中、口頭試問でこんな問題が出された。

『ここに猿が5匹、菓子が6個ある。菓子、猿には一切手を触れずに5匹に公平に菓子を分けてやりたい。貴官の方策は如何？』

おそらく、試問官はしかめっ面をして質問したのだろう。ほとんどの受験生は緊張もあって答えに窮してしまった。

そんな中、ある受験生はしばらく考えて涼しい顔をして次のように答えたそうだ。

『難し御座る』

わかるか？

6（むつ）菓子（かし）5（ご）猿（ざる）という訳だ。実際にあったかどうか分からんが、私も先輩から教えられたので、結構前から言い伝えられているようだ。要は、緊張する口頭試問の場でもこれくらいのユーモアを発揮できるほど平静心で臨めということさ」

「それと、2次試験は梅雨時になるから、必ずスペアの制服、靴を用意して、試験場に入る時に今日は雨でしたっけという顔で入るくらいの準備をしておけ。いいな」

5月下旬。いよいよ、2次試験に望んだ。全国に試験会場が設置された1次と違い、2次試験は幹部学校で行われる。

受付で受験票を提示し、案内された控え室に入ると、ここから出ることはできない。控え室には現在のCS学生からのコーヒーの差し入れが準備されている。

試験は午前組と午後組に分かれるので終了した者とこれから受験の者が接触し、問題が漏洩することの無いよう徹底した方策が採られている。午前に試験を終了した者は終了者控え室で午後組が全員控え室に入るまで待機していなければならない。トイレに立つ時も試験官付の幹部学校の職員が付いてくる。

順番が来ると3名ずつ名前が呼ばれる。

控え室に荷物をすべて残し、身ひとつで準備室に入る。荷物は幹部学校職員の手によって終了者控え室に移動される。

準備室には3名分の机と椅子が間隔を置いて用意されていて、机の上には提示課題と筆記具、メモ用の罫紙が用意されている。

秀隆は椅子に座るとまず、大きく深呼吸をして気分を落ち着かせた。

初日は安全保障である。

提示された論文に基づき、自分の考えを5分間スピーチすることが求められている。

秀隆は、提示論文の論点を整理し、焦点を当てなければいけない中心的な命題は何かを検討した。そして、その命題に対する自分の考えを整理していった。

そして、スピーチの展開を組み立て、その骨子に合わせて発表する項目を列挙していった。与えられた準備時間ではとても口述原稿を作成する余裕はない。

列挙し終えて見直しをしていると、

「時間。提示論文、筆記具、作業紙はこの場に残すように。スピーチに必要なメモのみ持って試験場に移動する」

と指示された。

試験場は3カ所準備されており、1人の受験生は3日間でこの試験場を回ることになっている。すなわち、受験生は2次試験中同じ試験官に当たることはない。

試験場前の廊下に用意された椅子に腰掛けて待機していると程なく入るようにとの指示があった。

ドアをノックし、「入ります」と声をかけて試験場に入ると一列に居並ぶ試験官と正対するように受験生のための机と椅子が用意されており、その脇に演台がある。

演台の横まで進んで主席試験官とおぼしき中央の試験官に一礼した。

「始めるように」

との指示に従い、秀隆は5分間スピーチを始めた。

演台に置いたメモはチェックのためにだけ見ることにして、メモにばかり目が行かないように注意し、試験官に語りかけるつもりでスピーチを進めていった。

しばらくすると入り口付近にいた計時係がチンとベルを小さく鳴らした。残り1分である。後はスピーチをまとめるだけであり、5分以内に終われそうである。

「以上、発表を終わります」

一歩下がって敬礼をし、スピーチを終了した。

計時係はベルを連打しなかった。スピーチが5分を超えるとベルが連打され、その時点でスピーチは打ち切られる。

「椅子に座るように」

座った秀隆に試験官から質問が飛ぶ。

質問の要旨をメモし、回答がトンチンカンにならないよう気を付けながら回答していく。

どのくらいの時間が経ったのだろう。

「以上、試問を終了する」

主席試験官の指示で席を立ち、一礼してドアに向かい、そこで回れ右をして再度敬礼した後、退場した。

「おい、どうだった?」

幹部学校を出て、一緒に受けた同期から声をかけられた。

「イヤー、あんな緊張したの久しぶりというか、初めてだったな。まだ、膝が笑ってる感じがするよ」

「何だ、吉田もそうか。試験場で緊張しているように見られまいとして余計緊張しちゃったよ」

「貴様もか。とりあえず、無事に初日は終わった。明日は明日のことよ。一杯行くか」

CSの2次試験は全国に散った同期が集まってくるので、同期会をやるにはいい機会である。

そして、2日目。用兵に関する試問が行われる。

準備室には今回の試問で使用される時期、海域、天候といった状況を示した一般想定が置かれている。この一般想定から出される問題を予想して必要と思われる事項をメモしていく。

試験会場にはパスケースが3枚用意されている。

「一番上の想定1を開くように」

試験官の指示で一番上にあった想定を読む。

「質問は？」

「一点質問があります」

「質問は認めない」

だったら質問はなんて聞かなきゃいいじゃないかと思ったが、艦長から試験官と喧嘩するなと言われたことを思い出し、これも圧迫の一つかとグッと我慢した。

「回答する上で重要なことか？」

「はい、そのように考えております」

「どのようなことか？」

「はい、一般想定で気象状況をいただきましたが以後の気象予測が示されておりませんでした。気象状況の今後の予測はどのようになっているのでしょうか。天候の推移によっては航空機の運用が期待できるかも知れません」

「うん、天気の回復は当分見込めないとの予報が出ている」

「有り難うございました」

そこから試問が始まった。状況1の試問は無事クリアしたようである。

「状況2を開けるように」

そこには次のような状況が示されていた。

「貴官は、掃海艇（そうかいてい）艇長である。貴艇は定期検査のため、修理地に向け移動中である。地元漁協に所属する12名乗りの漁船がSOSを発信した。貴艇が発信された位置に最も近いことから捜索・救難に向かうよう命じられた。

現場に到着した貴官は捜索の結果、船長以下7名を救助した。船長は残り5名の捜索を懇願してきた。一方、救助者の手当に当たっていた看護長から2名の症状が重篤で至急大病院での治療が必要であるとの報告を受けた。貴官の判断を問う」

添付された略図を元に計算してみると自艇から遭難現場まで約50海里。掃海艇が全速で走っていっても3時間半はかかる。遭難現場から大病院の最寄りの港まで約80海里、6時間弱の距離である。

試験官からの問いに答え、

「はい、直ちに現場を離れ大病院最寄りの港に向かいます」

「そうか。人の命は地球よりも重いんだよ。国民の命を守る自衛隊が5人もの命を見捨てるのかね」

「おっしゃることは分かります。しかし、事故発生から既に10時間近くが経過しております。想定で示された季節、海上模様を考えると海中で生存可能な時間は限られています。7名の方が生存しておられたことの方が奇跡に近いと言ってよいと考えます。

それに捜索・救難の命令を受けた時点で本艇の北、120海里に巡視船がおりました。これが間もなく到着するはずですし、本艇は修理地回航で燃料に余裕がありません。ですから、5名の方の捜索を継続するより、救助した7名の方、特に重篤な2名の方の生命を守ることの方を選択しました」

おそらく現場に留まって捜索を継続すると答えれば、2名の命をどうするつもりかと質問されただろう。

無事に2日目も終了した。

3日目は指揮・統率・管理である。

試験の方式は安全保障と同じように提示論文を受けて5分間スピーチを行い、質疑が行われる。

提示された論文は、中国古典からの引用で皇帝が昼寝をしているうちに寒くないよう衣が掛けられていた。喜んだ皇帝は衣係をほめようと「誰がかけたのか」と尋ねたところ「冠係です」という答えが返ってきた。これを聞いた皇帝は激怒し、衣係を職務怠慢の罪で、冠係を越権の罪で首をはねてしまったというものである。

これに対し、秀隆は部下に仕事を任せる場合の心構えを軸にスピーチを組み立て、その中で仕事を任せた後も時々様子を見て実施方法に問題はないか、進めている方向に間違いはないか、何か問題に直面していないかなどをチェックする必要があるということに言及した。

スピーチを終わって椅子に座った瞬間、1人の試験官から、

「君は部下を信用せんのか？」

と言われ、思わずかっとしかかった。

「失礼ですが、私のスピーチのどの部分を指して部下を信用していないとおっしゃるのか理解できないのですが……」

と反論を始めた。

結局、質疑の時間はその試験官との議論で終始してしまい、

「試問を終了する」

と主席試験官から宣せられ、席を立ちかけると件の試験官が、

「やはり、君は部下を信用していない」

と発言した。

秀隆は思わず座り直し、

「失礼ですが、部下を信用するからこそ仕事を命じ、任せられるのだと思います。しかし、任せることと仕事の進捗（しんちょく）状況を確認し、部下が何か困難にぶつかっていないだろうか、仕事を進めている方向に誤りはないだろうかなどをチェックすることは、部下への信頼とは関係なく命じた者の大切な責務だと思います。部下を信頼するという言葉で放任してしまうことこそ無責任きわまりない態度で、かえって部下の信頼を失うことになるのではないでしょうか」

と反論した。しばらく試験官との間でやりとりが続いたが、主任試験官から、

「もういい、帰れ」

と言われ、試験場を後にした。

後味は悪かったし、艦長から言われていたのにやってしまったという後悔と、これで落ち

たなという諦めと、それでもあそこは言わなければならなかったという思いが交錯した。

試験場を出てきた同期に
「おい、どうだった？」

と声をかけると、

「吉田、3日目も圧迫面接だったか？　スピーチが終わるなり、『なんだ、もう終わってしまったのか。しょうがない、座れ』だよ。そりゃ、チンが鳴る前に終わったのは事実さ。でも、あの言われようはないよね。おかげで後は頭の中が真っ白さ。あーあ、来年は受けるの止めようかな」

「何だ、貴様もか。おれも艦長からやってはいかんと言われた喧嘩をやっちゃったよ。めちゃくちゃな突っ込みをしてくるから思わず時間外まで座り込んで議論をやらかしてしまった。来年はどうするかな」

2人でぼやきながら家路についた。

CS受験のことは頭から削除して、仕事に打ち込んでいたある日、艦長に呼ばれ、合格を告げられた。

「本艦の以後の予定を考えると入校を次年度にしてもらいたいのだが、それは許されないし、機関長の将来のため早めに転勤して、入校準備をしてもらうことにした」

副長

日課の運営

「3等海佐吉田秀隆、副長兼航海長を命ぜられ、本日着任した」

朝の課業整列前に行われた総員集合で艦長から紹介された秀隆は、CS課程、その後の陸上勤務を経て久々に潜水艦部隊に戻り、潜水艦副長としてのスタートを切った。

映画などではよく「副艦長」という言葉が使われていることからも分かるように、副長は潜水艦内で艦長に次ぐ地位である。

規則では「副長は、艦長の分身として、艦務全般に関し艦長の補佐に当たり、常に、艦長の方針・意図を体し艦務を調整・整理し、各科長以下乗員を掌握して、艦長と乗員の緊密な連携に努め、艦内の融和団結を図らなければならない」とされているように、艦長を補佐して、艦内の諸事を裁いて日課を円滑に運営し、乗員の身上を把握して人事について適切に艦長に助言しなければならない。また、艦長が必要とした時に乗員が最高の練度を発揮できるように訓練にも目を配って置く必要がある。

まさに、副長は艦長の女房役である。

日課の運営に関しては、海上自衛隊の規則で日課の基準は定められているが、副長として頭を悩ますのが、休暇と体育の問題である。

行動を終わって帰港した潜水艦にとって優先して行わなければならない事項は、前の行動の事後整理、次の行動の準備、艦の整備と行動中にたまっていた事務処理である。限られた入港期間でこれだけのことをこなすだけでも、時間は足りない。その中から休暇や体育の時間を見つけなければならないのである。

規則では副長は乗員の体育を奨励しなければならないとされている。

しかし、行動中の潜水艦では何よりも雑音を出さないことと酸素の消費を抑えるとの理由から艦内で体育を実施することが無く、乗員の運動不足は否めない。したがって、乗員の健康維持のため、入港した機会にできるだけ乗員が体を動かす機会を作る必要がある。体育を行うためには場所も確保しておかなければならない。

自衛官の休暇は、自衛隊法とその施行規則に細かく定められている。単純化して理解してみると、1週間あたり2日の休養日を設けなければならないというのが原則である。

しかし、潜水艦における勤務ではこの定めどおりにはいかない。

1週間の行動に出れば、設けるべき2日の休養日に乗員に勤務を命じることになる。この場合は、休養日以外に休養させることができると定められているが、実際には「できる」ではなく「マスト」の範囲にある。さらに、行動中に休日があるとその代休日を指定しなければならないし、お盆の季節には休養日を含まない特別休暇3日を工面する必要がある。

この複雑な問題を解くためには乗員の利益代表でもある先任伍長との連携が不可欠である。

行動中の潜水艦では各科訓練という訓練が実施される。船務科、航海科、機関科といった科毎に個人の基礎術力を確実にしたり、実力を向上させるために実施するもので、秀隆は各科訓練が始まると艦内各部を回って、その実施の状況を確認し、艦長に報告すると先任海曹室に赴くのを常としていた。

「伍長、始めようか」

先任海曹室に入って、席に座ると秀隆は先任伍長と甲板海曹に声をかけた。

「伍長、代休はどのくらいたまっていますか？　今回の出港前は中修だったから少しは代休の処理ができたと思いますが」

中修というのは中間修理の略で年次修理と年次修理の間に行われ、年次修理や定期検査のように造船所で行う修理と異なり、定係港の岸壁で行われる修理である。

「はい、中修期間中にかなり処理できましたが、まだ1日残っています。さらに、今回の行動で2日増えることになります」

「今度帰港して次の行動までの停泊期間は10日です。係留場所は内側に僚艦が入り目刺し状態の外側で、内側艦が本艦の停泊期間中に出港となるので係留替えがある。それに次の出港は既に知っているとおり、財務省の企画官の研修に対する支援で、その事前訓練になる。事前訓練の翌日が本番で、終わればすぐに長期行動に出ることになる。係留替えは総員で行う。しかし、何とか代休も処理したい。せめて今回の2日分だけでも何とかしたい」

「副長、係留替えは艦長のお考えも分かっていますし、当然、総員で対処しますが、後は直代休でいきたいと思いますが」

潜水艦では土、日曜日及び休日を除き、勤務時間中は総員が在艦し業務を実施し、勤務時間終了になると当直員以外は上陸が許可されるのが通常である。それを平日であっても業務に支障のない限り当直員以外に代休を付与し、1日上陸を許可するのが直代休である。

「親甲板、企画官の研修に備えて艦内の大掃除が必要だが、直代休で対応できるか？」

親甲板は甲板海曹の通称で、艦内の整理・整頓、規律の維持に当たっている。

「今回の入港前にそれを見越して、中掃除を行いましたので、直代休中は一区画ずつ大掃除を行って、事前訓練の日は入港後中掃除を行うことでいけると思います」

「分かった、その線で艦長には報告し、ご了解をいただくようにする。ただ、条件として毎日私が各区画を点検し不備があればまず、直で修正してもらって、足らなければ増援あるいは全員を呼集してでもやってもらう。この点はいいね」

先任伍長、親甲板も異存はなかった。おそらく、秀隆の意を汲んでそんなことが起こらないように彼らが乗員のネジを巻くであろう。

秀隆は先任伍長などとの話し合いの結果を艦長に報告して了解を求めた。

「分かった。副長の方針で行こう。ただ、私も事前訓練出港前に全体を見させてもらう」

出入港

潜水艦の出入港における副長の役割は艦長を補佐し、運用指揮に当たることである。艦長の意図に沿うように上甲板の作業全般を統括し、曳船(えいせん)を動かすのである。

出入港の場合、副長はできるだけ全般を見渡すことができるようにセイルトップに立つ。新しい潜水艦ではセイルトップは平らになっており、組み立て式の見張り台を設置してその上で行うようであるが、今回、秀隆は丸みを帯びたセイルトップに腰に安全ベルトを締め、セイルにねじ込んだスタンションと呼ばれる鉄の棒に安全ベルトに付いている命綱を引っかけただけで運用指揮を行う。

出港の場合、出港準備が令されると発令所で勤務する油圧手に、

「艦橋に上がる」

と声をかけ、艦橋に上がって出港準備作業の状況を確認する。

出港の15分前頃には艦長が上がって来るので、出港準備作業を指揮している船務長に、

「船務長、セイルトップに上がる」

と声をかけて上がった。この時、声をかけておかないと突然潜望鏡が上がって吊り上げら

れたり、下りてきたレーダーに挟まれたりして事故になりかねない。

その頃には曳船2隻が近づいて来ているので、それぞれとトランシーバーの通信確認をしておくとともに、どの曳船を前部に、どの曳船を後部に配置するかをあらかじめ指示しておく。

船務長が、

「艦長、出港15分前になりました。航海当番配置に付けます」

と艦長へ報告するのを耳にしながら、秀隆は艦橋電話員に、

セイルトップに立つ副長

「中部へ、艦外者調べ」

と指示を出す。艦橋電話員が折り返し、

「中部から、艦外者なし」

と報告してくる。

秀隆は、

「艦長、艦外者ありません。陸上への連絡がなければ電話線を撤去し、桟橋を外します」

併せて、

「前、後部に曳船の舫を取ります」

と報告。艦長の了解を得て、

「中部へ、電話線撤去。前、後部へ、曳船に舫取れ」

と指示を出す。スタンションを握りながら電話を受け持つＩＣ員が上甲板に上がったのを自ら確認して、

「中部へ、桟橋外せ」

と命じる。

「試運転終わり、結果良好」

という艦内から艦長への報告を聞いて、

「艦長、舫シングルにします」

と報告。これまで潜水艦を岸壁にしっかり係留するために2重になっていた舫を1重にする。

各部の出港準備が完成したことが艦長に報告されるのと時間を確認し、

「艦長、引き出しを開始します」

と報告。艦長から、

「了解」

艦橋電話員に、

「各部へ、引き出しを開始する」

電話員は、

「各部、艦橋。引き出しを開始する」

そして、各部が了解すると、

「副長、各部了解」

と報告してくる。

トランシーバーで後部に配置した曳船に、

「後部曳船、微速で引け」

を令する。これは潜水艦には後部に横舵と呼ばれる舵があり、この長さが船体の最大幅よりも少し大きいため、この横舵が岩壁に当たらないよう先に後部を引き出し、岸壁との間をある程度取ってから前部を引き出すのである。

「後部へ、4番のばせ」

後部が岸壁から離れるのに合わせて4番舫を伸ばさせる。

「前部曳船、半速で引け」

横舵が岩壁に当たる心配が無くなったのを確認して前部を引き出させ、同時に艦首を出港方向に向けるように前部の曳船に引かせる。

艦長から、

「2番のほか、舫離せ」

が令される。艦橋電話員を通じて上甲板各部に伝えられた命令に基づき、各指揮官は岸壁に来ている支援の隊員に向かって、

「1番、レッコー」

「3番、レッコー」

「4番、レッコー」

と声をかける。岸壁の作業員は各舫を次々とボラードから外し、海中へ投げ込んでいく。上甲板では潜水艦の乗員が各舫を取り込む。

秀隆は後部を注視し、推進器の使用に支障となる4番舫の取り込み状況を確認する。4番舫の先端が上甲板に上がったのを確認し、

「艦長、4番取り込みました。推進器使用差し支えありません」

と報告する。ほぼ同時に、後部からも、

「4番取り込んだ」

と報告が来る。全般を確認した艦長は、

「出港用意」「2番離せ」

令する。船務長は発令所に、艦橋電話員は各部に「出港用意」を伝達する。

「前進微速」

艦長の操艦号令により、推進器が勢いよく海面を蹴る。2番舫が取り込まれたのを確認した秀隆は前、中、後部に、

「整列舷、右舷」

を指示して、乗員を整列させると同時に、敬礼しなければならない艦艇がいないか港内を確認する。もちろん、出港前に一旦確認し、艦長にも報告してあるが、再度確認しなければならない。

あった。

左舷側の岸壁に係留されている1隻の護衛艦のマストに海将補旗が翻っている。

「艦長、左舷に護衛隊群司令座乗(ざじょう)の護衛艦。敬礼します」

と報告すると同時に上甲板で右舷に向いて整列している乗員を左舷側に向いて整列させるため、上甲板各部に、

「整列舷、左舷」

を指示し、航海科員には、

「ラッパ用意」

「護衛隊群司令に敬礼する。左、気を付け」

を令した。航海科員は「気を付け」を吹奏する。敬礼しつつ、海将補旗を翻している護衛艦の艦橋を双眼鏡で注視していた秀隆は、護衛艦の艦橋トップに当直幕僚とおぼしき人影と

ラッパを持った乗員を視認しており、乗員が大きな動作で口元からラッパを下ろしたのを確認した。

「艦長、護衛艦、答礼しました。かかります」

と報告し、航海科員に、

「かかれ」

を令した。航海科員がかかれのラッパを吹奏した。この間、秀隆以下、上甲板以上にいる幹部は挙手の敬礼をし、乗員は姿勢を正している。艦長は航行の安全を優先させるため、ラッパ気を付けに合わせて敬礼したら、すぐに直って操艦に集中する。操艦補佐に当たる船務長は敬礼を省略している。

これが終わると秀隆は、

「甲板片付け」

を令した。この命令で上甲板は、取り込んだ舫を整理して上甲板にある舫格納庫にきちんと整理して納め、流出しないようにロープで縛り、揚げ蓋を閉めて緊締(きんてい)したり、フェアリーダーやクリートを格納していく。

上甲板の作業がすべて終了し、水雷長が最後にセイルサイドを上がってきて、潜舵上から、

「上甲板作業終了。異常なし。水雷長入ります」

と言ってくるまでが秀隆が最も注意する時間である。

なぜなら、上甲板で作業している乗員の安全の確認も副長の重要な任務の一つであり、潜水艦の上甲板は狭く、かつ平らではない。雨の日には滑りやすく、波のある日は波が上甲板にまで上がってくることもあり、特に注意が必要である。

秀隆には忘れられない思い出がある。

その日、秀隆が乗り組んでいた潜水艦は千葉県の館山湾から出港することになっていた。天気の良い日ではあったが、西風が強く、西に開いた館山湾では湾内でも白波が立っていた。この日は訓練の一つとして3直による出港が計画されていた。

潜水艦では停泊中も常に3分の1の乗員が艦内において勤務しており、緊急の場合にはこの陣容だけで潜水艦を運航しなければならないことも想定されている。事実、別の日のことではあるが、ある港に入港し、乗員に上陸を許可していた時、昼頃から天候が急激に悪化し、当直士官は係留をしているロープを増やして状況に対応する一方、地方自治体や放送局の協力を得て乗員に至急、帰艦するよう指示を流していた。

しかし、天候は悪化する一方で係留索はいつ切れてもおかしくない状況になってきた。当直士官は当直の乗員を航海配置に付け、機関の準備をして、艦長が帰艦次第出港できる用意を整えていた。

そして、艦長が帰艦すると係留索を陸上のボラード等から離している余裕もないため舫索（もやいづな）を切断し、約半分の乗員で出港、無事に定係港に帰って来た。取り残された乗員はむろん、陸路帰っており、艦の入港を迎えている。

館山湾での訓練はこのような事態に対応するためのものであった。電機士に配置されていた秀隆は通常の出港では艦内の配置につくのであるが、この時は上甲板指揮官として錨を上げる作業を指揮し、引き続き潜航に備えて上甲板のチェックを行っていた。

潜水艦の上甲板には回転格納式の係留索を止めるクリートや係留索を格納する場所の揚げ蓋があって、これらがしっかりと締め付けられているかを確認するのが上甲板指揮官の最後の仕事である。上甲板作業員はすべて艦内に入っており、上甲板には秀隆独りであった。

潜水艦の上甲板の一番前にあるフェアリーダーの締め付け確認を皮切りに前（ぜん）甲板を終わってセイル横をすり抜けて中部甲板の確認を始めた時には潜水艦は湾口に向かって6ノットで航進を始めており、甲板にまでしぶきが上がって来ていた。

セイルトップから見た潜水艦の艦橋
セイルトップの丸みに注目されたい

右舷後部のクリートの締め付けを確認しようと十字レンチを持って、艦首尾線に対して斜めに構えてしゃがみ込んだ瞬間、何が起こったのか秀隆自身にも分からなかったが、気がつくとつい先ほどまで自分が立っていた潜水艦が目の前を通り過ぎて行く。

「あっ！　波にさらわれて海に落ちたのだ」

と気がついて、目線を挙げると艦橋にいる副長と目が合った。

「よし！　副長が気づいてくださった。ということは、今頃は溺者救助部署が発動になっているはずだし、艦長自らが操艦されるはずだから10分も泳いでいれば救助される」

と考えると気持ちも落ち着いてきた。膨張式の救命胴衣を発動しようかとも考えたが、

「膨らんだ救命胴衣を付けて浮かんでいると強い風にどんどん流されて、かえって救助される機会が減るかもしれない。ここは一番、救命胴衣を膨らまさないで、泳ぎながら待つことにしよう」

と判断して、ゆっくりと泳ぎ始めた
この時ほど、江田島での8海里の遠泳が自信になったことはない。

広島県江田島にある幹部候補生学校では8海里の遠泳が課される。

コースは年年によって異なる。分隊ごと4列の隊形を組み、先頭に1名最も水泳が得意なものがペースメーカとして分隊全体を引っ張って行く。

隊形は最前列に水泳の得意なもの4名が配置され、第2列目からは水泳が苦手なものから逆順に並んでいく。この遠泳の課題が8海里を8時間で泳ぎ切るというものである。すなわち、平均1ノットの早さで泳ぐことになる。

遠泳の間は海から上がることは許されない。にぎりめしとちくわの甘辛い煮付け、たくあんというメニューの昼食も、分隊長などが乗った伝馬船が隊列の間に入って来て竹竿を垂ら

し、これに掴まって食べるのである。

「江田島で8時間も泳いだのだから、波があるとはいっても10分くらい何とかなる」

と思っていた。

しかし、着ているものにだんだん水が染み込んできて体が重くなってきたので、それまではいていたブーツを脱ぎ捨てた。このブーツは秀隆が米国派遣訓練に参加した際、ハワイのPXで自分用の土産として購入したものである。

そして、

「ハワイで買った私物のブーツを脱ぎ捨てたのだから、官品を捨てても許されるだろう」

とそれまで大事に持っていたステンレス製の十字レンチを放り投げた。

そうこうしているうちに潜水艦は回頭して、停止をした。

風に押し流されることもあって、秀隆は潜水艦に近づいて行くと、甲板から水雷長がしきりに手を振っているので、手を振って答えながら、

「あっ。水雷長、艦長に溺者は元気に手を振っていると型どおりの報告をしているな」

と思わず余分なことを考えてしまった。

風が強かったので、最後の救命浮環がなかなか届かなかったためにもう少し長く泳ぐ羽目にはなったが、無事潜水艦に引き上げられ、艦内では気付け用に搭載しているブランデーを初めて味わう機会にも恵まれた。

この経験から出入港や洋上でやむを得ず上甲板に人員を出す場合には、秀隆は最後の1人が艦内に入るまで目を離さないよう心がけてきた。

出入港の中では入港の方が副長の腕の振るいどころかもしれない。

呉に入港する場合は輻輳（ふくそう）するフェリーや貨物船、小型の船舶を避けるため一旦、対岸の江田島の方に近寄り、比較的混雑の少ない海面で入港準備作業を行う。横須賀に入港する場合は赤（あか）灯台と呼ばれる灯台を過ぎたあたりで作業を行う。

どこの港に入る場合でも錨地（びょうち）まで5マイル（約9キロメートル）の号令がかかるまでには副長は艦橋に上がっているが、入港準備が下令されると出港の時と同じようにセイルトップに上がり、上甲板の準備作業を確認する。

進入し始めた潜水艦を見て、港務隊の船溜まりから曳船2隻が出てくる。その番号を確認して、通信設定を行う。

それぞれの曳船には前部あるいは後部で使用する旨を指示し、とりあえず艦長の操艦の邪魔にならないよう随伴するように指示する一方、上甲板の入港準備作業の状況を監督する。

港内には敬礼を必要とする艦が在泊していないことから、上甲板での準備のできたところから「整列舷、右」を指示した。今日の達着舷（たっちゃくげん）、すなわち岸壁に接する舷が右舷のため、整列舷、すなわち整列した乗員が向く方向を右舷側としたのである。

特に入港時の整列のあり方でその艦の士気の高さ、訓練の精到（せいとう）が問われる。

入港してくる艦があると在泊艦の幹部は時間が許す限り上甲板に出て来て、看取り稽古という意味合いも兼ね入港の状況を見学している。そして、その時に最も目に付くのが上甲板の整列状況である。

したがって、副長としてまず気を付けなければならないのが上甲板作業員の整列状況なのである。

潜水艦は岸壁に向かう最後の針路に定針していた。

「停止」

艦長の号令でスクリューの回転が止まる。潜水艦は静かに惰力で滑るように進んで行く。

「艦長、作業にかかり、曳船に舫を取ります」

艦長の了解を得た秀隆は、艦橋電話員に、

「前、中、後部へ、作業にかかれ。前、後部へ、曳船に舫を取れ」

と命じる。同時にトランシーバーで曳船に舫を取るよう指示を出す。入港の場合、曳船に押させるだけでなく、状況によっては曳かせることもあるので舫を取っておくのである。

「前部、曳船に舫取った」

「後部、曳船に舫取った」

前、後部から報告が来る。

前部ではサンドレッド員がサンドレッドの準備をして待機している。サンドレッドとい

サンドレッド

うのは先端に重しを付けた細いロープのことである。潜水艦を係留する舫は径が32ミリという太いロープなので直接、艦から岸壁に向かって投げ渡すことは難しいため、まず、サンドレッドを岸壁の作業員に受け取ってもらい、サンドレッドに舫を結びつけて引き寄せてもらうのである。

潜水艦はわずかな行き足を残して滑るように予定されている係留岸壁に近づいて行く。天気に恵まれてはいたが、風は岸壁から潜水艦の方に吹いて来る。いわゆる吹き離しの風である。

潜水艦の行き足が小さくなるにしたがって、風の影響が相対的に大きくなってくる。

潜水艦は船形が涙滴型のうえ、一軸で推進器と舵の位置関係が水上艦とは逆になっているため、行き足が小さくなると操艦が難しくなる。特に、回頭の惰力が残ってしまうと曳船の支援を受けないと修正するのは大変難しいのである。

「副長、少し押させてくれ」

潜水艦が岸壁から離れる方向に流されていると判断した艦長が秀隆に命じる。

「前部、微速で押せ」

一呼吸置いて、

「後部、微速で押せ」

艦長が意図した岸壁との交角を維持できるように、後部の曳船に少しの時間差をもって指示を出す。そして、舷側の水面の状況を観察し、岸壁に寄って行く力が大きくなりすぎないように見定めて、

「曳船を止めます」

「了解」

「前、後部、停止」

各曳船の船尾からウェーキが消えるのを確認する。

潜水艦と岸壁の位置関係を見定めて、

潜水艦の係留索の呼び方

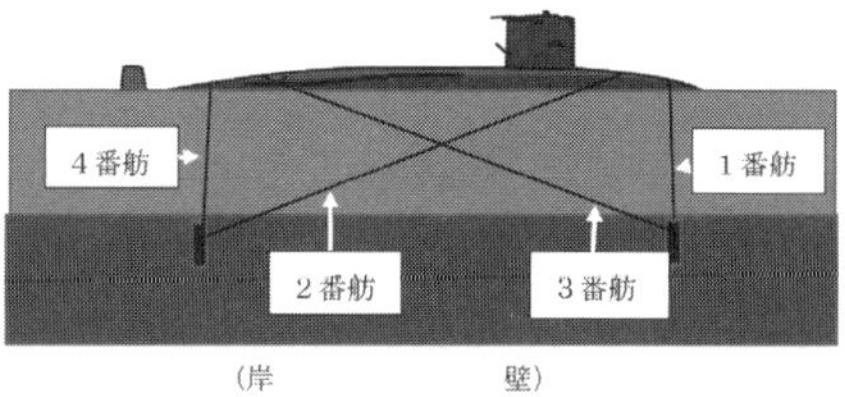

4番舫
1番舫
2番舫
3番舫
（岸　壁）

理解しやすいように潜水艦と岸壁との間を広くとって描画している。
（筆者作成）

「艦長、サンドレッドを送ります」

「了解」

「前部へ、サンドレッド送れ」

前部に待機していたサンドレッド員が大きく反動を付けてサンドレッドを投げる。

サンドレッドはきれいな放物線を描いて、余裕を持って岸壁に届き、岸壁の作業員が確保した。前部指揮官の水雷長が岸壁に向かって、

留した潜水艦の舫索の状況

艦首からほぼ真横に岸壁に渡されているのが1番舫、
セイルの横から艦尾方向に延びているのが2番舫

「2番」

と指示する。最初に送る舫は2番舫であるという意味で、2番舫は昇り止めと呼ばれ、入港の際には最も重要な役割を果たす舫索である。

サンドレッド員はすかさずサンドレッドの端末を舫の先端にある輪接ぎの部分に結びつけ、右舷前部にあるクリートを介して送り出せるように手配し、陸上の作業員に引き寄せても差し支えない旨を知らせる。陸上の作業員数名がサンドレッドを持って走り、2番舫を引き寄せ、輪接ぎの部分が陸上に到達するとこれを所定のクリートにかける。それを確認した水雷長は、

「2番、たるみ取れ」

と命じる。舫がたるんでいてはいざ

必要という時に役に立たないからである。

秀隆は2番舫が陸上のクリートに取られた瞬間に、艦首旗竿(はたざお)に艦首旗が掲揚(けいよう)されるのと艦橋電話員が発令所の航海科員に、

「2番取った」

と連絡しているのを確認した。最初の舫索が陸上に取られた瞬間、潜水艦は航海状態から停泊状態に移行することになり、停泊状態に必要な形象物がきちんと出されているか航泊日誌への記載に漏れがないようされているかは、航海長兼務である副長の責務のひとつである。

その間に前部では2番目のサンドレッドが岸壁に送られ、水雷長は、

「1番」

と指示する。艦首にあるフェアリーダーを通して準備がされている舫索が同じように陸上に送られる。

「後進微速」

艦長は前進の行き足を押さえるために後進の機械を使用する。ブレーキのない潜水艦はじめ艦船では艦を止めるためには残っている行き足と逆の機械を適切に使用する必要がある。

後部を注視していた秀隆は推進器が水中で回り始めるのを確認し、

「推進器回った」

と艦長に報告する。

「停止」

潜水艦は陸上の固定目標を注視していなければ分からないようなわずかな前進の行き足となった。一方、後進の機械の影響で艦首がわずかに左に触れ始めたのを認めた秀隆は、

「艦長、艦首を少し押させます」

と報告し、

「前部曳船、微速で押せ」

と命じる。

艦首の触れ具合を確認して、

「前部、停止」

曳船で押すことによって潜水艦が岸壁に寄って行くスピードが大きくなりすぎると、潜水艦と岸壁との間に設置されたキャメルと呼ばれる防舷物（ぼうげんぶつ）に強く当たってしまい船体を痛めることにもなりかねない。岸壁に寄って行く惰力が消える時に船体がキャメルに当たるくらいが望ましい。

さらに中部からは下がり止めと呼ばれる3番舫が、後部からは4番舫が後部フェアリーダーを通して陸上に送られる。

中部指揮官の補給長から、

「舷門の位置、4メートル前」

秀隆はセイル・トップから身を乗り出して岸壁を注視し、にじるように進む潜水艦の行き足と舫門の位置とを見比べて、前部に、

「2番、こたえ（堪え）」

と命じる。ここまでくると機械を使って前後の位置を調整する段階ではない。舫によって潜水艦の位置を調整しなければならない。ここで艦長に機械を使用させるようでは副長の沽券に係わる。

前部員は2番舫をクリートに2、3回巻き止めて、これまで潜水艦の前進に合わせて繰り出されていた2番舫を止める。2番舫は2000トンを超える潜水艦の動きを吸収してピンと張り詰めてくる。

潜水艦に残っている前進の行き足が大きすぎると2番舫に必要以上の力がかかり、悪くすると切断し、舫が弾け飛んで、前部員に被害をもたらしかねない。舫の張り具合を見つめていた秀隆は、

「2番、少しゆるめ」

「2番、止め」

と続けざまに命じる。2番舫にかかっていた力を一旦逃がした秀隆はすぐに舫を係止させ、潜水艦の動きを観察する。潜水艦は前にも後ろにも動いていていない。

「舫門の位置、よろしい」

と中部から報告が来る。

「前後の位置、この位置」

秀隆は上甲板にすべての舫を係止することを命じた。

全般の状況を確認した艦長の、

「機械、舵よろしい」

という命令によって、以後、機械を使用することはなくなったので、潜水艦は停泊の状態に移行していく。艦内では入港のための配置を解散し、停泊当直が立直する。

秀隆は、艦長が艦内に入った後も艦橋に残り、上甲板の作業を確認する。上甲板作業員は停泊に備え、舫を二重にして潜水艦を係留する力を確保する。そのうち、水雷科員が雨衣を着込み、ホースを引っ張って上がって来た。

「副長、真水を流します」

「了解。降りるからよろしく願います」

と水雷科員に声をかけて秀隆は発令所に降りた。

鉄でできている潜水艦は、行動中、海水に漬かっているのでそのままに放置するとまたたく間に船体が錆びてくる。このため、入港するたびにこまめに真水で船体を洗い流しておくのである。

入港報告に司令部へ出向く艦長を見送って秀隆の入港作業は一区切りがついた。

人事

日課の運営とともに副長が最も気を使う仕事が海曹士の人事である。

海曹士の移動は幹部に比べると一つの配置が長いのが普通であるが、やはり課程への入校などを契機として移動させなければならないし、その後任を確保する手配も必要である。このため、色々なつてを使って海曹士に関する情報を集めておき、総監部の人事課補職係と調整する時に活用するのである。

特に除籍する潜水艦の最後の副長に当たると全乗員の次の配置を考えなければならず、かなり早い時期から本人の希望を少なくとも第3希望くらいまでは聞くと同時にどうしてもイヤだと言うことも聞いておかないとなかなか調整が難しくなる。除籍と新しい潜水艦への艤装員の発令とがうまくかみ合ってくれると比較的業務は簡単になるのだが、それでも班長以上の海曹については何度も総監部に足を運ぶだけではなく、他の潜水艦の副長とも直接交渉することになる。

また、勤務評定、昇任、昇給、特別昇給などの時期になると補給長に指示をして資料を準備させ、艦内で艦長臨席の下、各分隊長、甲板士官を出席させた会議を司会するのも副長である。この会議では各分隊長は自分の分隊員のために頑張って主張してくるのでその調整を付けるのはなかなかに骨が折れる。

さらに、これらの会議の結果を受けて提出する書類に付ける艦長所見を起案するのも副長の仕事である。この時ほど、語彙の乏しさを恨めしく思う時はない。

昇任について言えば、海士長から3等海曹に昇任するためには昇任試験に合格しなければならない。したがって、昇任資格のある海士長を集め予備校を開校し、運営するのも副長である。

教育訓練係士官

潜水艦の場合、教育訓練係士官は副長が命じられる。

教育訓練係士官は、いずれの科長の所掌にも属さないもの又は乗員全般に関するものについて、その計画、立案及び実施に当たると定められているが、大きくは年間の教育訓練の予定の立案、再練成訓練における予定、どの時期にどのような訓練を実施するのか、同じ航海保安部署の訓練でも基礎的なものから戦術状況下における応用的なものへ、どのように進めていくか。潜水艦教育訓練隊の訓練科の支援が得られない場合は自ら訓練科指導官の役割を引き受け、想定を運用して、訓練を実施し、これを評価して訓練終了後行われる事後研究会において指摘、指導を行う。

行動中にも適宜機会を見つけて先に述べたような幹部操艦訓練を計画し、艦長に進言して行うこともある。

教育訓練係士官としての副長の大切な役割の一つに実習員の指導官がある。

潜水艦教育訓練隊の幹部潜水艦課程あるいは海曹士潜水艦課程を終了した幹部、または海曹士は、潜水艦で実習員として実地に研鑽することになっている。

幹部実習員に対しては艦長が主任指導官となり、副長は指導官補佐として実習全般に対して目を配る。海曹士実習員の場合は、副長が主任指導官となり、若手の幹部が指導官補佐に任命され、1、2、3分隊から選ばれた中堅の海曹が指導官付として、海曹士実習員の直接の指導に当たる。

副長は定期的に実習ノートをチェックするなどして実習の実施状況を監督し、時には直接質問をして進捗状況を把握し、時には励まして実習員が1日も早く潜水艦乗組員となることができるよう気を遣うのである。

中でも潜水艦希望でなく潜水艦要員に指定され、実習に入ってきた実習員には目を配らなければならない。

「潜水艦乗りは3日やったらやめられない」

と言われるが、潜水艦を希望しない者にはなかなか通用しない。

この期の実習員にも1人、潜水艦を希望しないまま実習員として乗艦してきた海士がいた。

秀隆も何度か面接をしてみたが、潜水艦不希望の意志は変わらない。したがって、実習にも熱は入っていないが、どうしてもすぐに退艦したいというわけでもなく、まさに低空飛行ではあるけれども実習をこなしており、中間での審査も合格ラインに達している。

秀隆はその海士を気にしながらも、何とか実習を続けているので、そのうちに潜水艦にも馴染んでくるだろうと思い、指導官補佐の機関士に任せるようになっていた。

そうこうするうちにその期の実習も終了を迎えることになり、丁度、定係港以外の港に入港した日が終了日となることから、入港作業が終了し、一段落した時点で潜水艦記章の授与式を上甲板で行うことにした。

授与式において艦長から潜水艦記章を左胸に付けてもらったくだんの海士も少し自信を持ったような感じを受け、秀隆は安心をした。機関士からは入港中に実習の打ち上げを行うとの報告も受けていた。

事件は出港を目前にして起こった。

潜水艦は岸壁係留ではなく、港内に錨泊(びょうはく)していたので、上陸員のために交通艇を依頼し、時刻表を作成して定期的に運航していた。出港の朝、上陸していた乗員を乗せた交通艇が潜水艦に横付けし、乗員は次々に艦内に入って行く。舷門では当直士官と当直先任、それに各分隊の先任も顔を出して帰艦状況を確認していた。

最後の交通艇が横付けし、帰艦して来た乗組員が、

「上陸、有り難うございました」

というといつもの挨拶をしつつ艦内に消えていった後に、当直先任の手元に1枚の上陸札が

残っている。

上陸札というのは乗組員が潜水艦に乗り組むと渡されるもので、本人の所属する分隊、階級、氏名、それに停泊直が何直なのかが記載された札である。

乗組員は上陸に際して、自分に割り当てられた番号の上陸証を取って、その後に上陸札をかけておく。そして、帰艦すると上陸札を取って上陸証を元の位置に返すのである。

最後の残った上陸札はあの潜水艦を希望していない実習員のものだった。

すぐに機関士を呼んで状況を確認すると打ち上げが終わった後、しばらくして電話をしてくると言ってみんなと別れた後、姿を見ていないという。

秀隆は、直ちに艦長に未帰艦者の状況を報告した。

艦長からは、

「すぐに交通艇を手配してくれ。司令に報告する」

「副長は出港準備を進めておくように」

と命じられ、交通艇を手配すると、艦長は陸上に向かって行った。

秀隆は当直士官に出港準備を命じるとともに、指導官付の海曹、実習員達に未帰艦の海士について情報を収集するよう機関士に命じた。しかし、当該海士以外はまとまって行動していたためそれ以上の情報は集まって来なかった。

艦橋で出港準備作業に当たっている当直士官から、

「交通艇帰ります」

との報告を受け、秀隆は上甲板で艦長を出迎えた。

「副長、補給長を残して捜索に当たらせる。本艦は予定どおり出港し、以後の訓練を実施する」

艦長から示された方針を受け、補給長を呼んで当該海士の上陸時の服装、最後に確認した場所などの情報を与え、現地から帰るための旅費等を確認して待機していた交通艇に乗せて陸上へ出発させた。

秀隆は無事に見つかることを祈る一方で、以後の処置について考えると気が重かった。海上自衛隊では出港する艦艇に乗り遅れることは後発航期という規律違反として普通の帰艦時刻遅延とは違った重い処分を受ける。

基準に則って処分を下せば、潜水艦を希望しないながらも何とか頑張ってきた彼はおそらく海上自衛隊そのものを辞めてしまうだろう。彼を引き留めたことがこのような結果になってしまったと秀隆はある種の後悔を噛み締めていた。

出港した翌日の昼過ぎ、艦長室のある発令所区画と士官室とを分けている防水扉から顔を覗かせた艦長は、

「副長、ちょっと来てくれ」

と声をかけてきた。

艦長室に赴くと1通の電報を手渡された。

電報には
「ホキュウチョウ、イシツブツハッケン」

とだけある。

「補給長、遺失物発見」

未帰艦者を発見などと電報を打たれたら潜水艦部隊どころか海上自衛隊中に知れ渡り、艦長の面目丸つぶれである。その辺を考慮した司令の機知に富んだ電報である。

「副長、とりあえず良かった。後は帰港後のことにしよう」

という艦長の声にうなずきながらも、気持ちは少しも軽くなっていなかった。艦長はもっと大変な思いをしておられるのだろう。それに比べればと思うことで自分を少しは慰めていた。

入港し、司令への報告とお詫びから帰艦した艦長に秀隆は呼ばれた。

「司令から伺った話では状況はこういうことらしい。

打ち上げのあった日、彼女が定係港にある海士の下宿に来ていたので、皆と離れて彼女に電話をした。彼女の声を聞いた海士は彼女に会いたくなって、矢も楯もたまらず最寄りの駅を探し、下宿に帰ろうと思ったが、旅費が足りない。どうしようと迷っているうちに時間が経過し、皆と別れたところに戻っても誰もいない。最終定期の時間はとっくに過ぎてしまっている。途方に暮れて駅の周辺や近くの公園をうろうろしながら一夜を明かし、駅に戻って来たら探しに来ていた補給長と出会ったというものだ」

「司令は補給長からの電話での報告を受けられて、下宿に行って彼女にも会われたそうだ。非常にしっかりした娘さんで、彼女のためにも何とかしたいと考えられ、海士とも面談し、潜水艦でなければ海上自衛隊での勤務を続けたいという彼の希望から、実は陸上部隊への転勤を既に調整して下さっている。

また、懲戒処分についても彼の将来のため穏便な程度のものでどうかということもおっしゃっておられた」

「ちょっと待って下さい。司令には色々と配慮いただき感謝の言葉もありませんが、懲戒処分については懲戒免職とかにするのであればともかく、あくまで艦長の権限の問題で、司令からこの程度でどうかとおっしゃるのは少し筋が違うのではないでしょうか」

「副長が言うのも分かる。しかし、司令のお気持ちも無碍（むげ）にはできない」

「おっしゃることは分かります。やはり、まずは懲戒補佐官会議を開き、そこで検討を尽くしてはどうでしょうか」

「分かった。そうしよう」

翌日の午後、士官室において懲戒補佐官会議が開かれた。

懲戒権者である艦長、懲戒補佐官である秀隆と機関長、船務長、水雷長、補給長、それに指導官補佐であった機関士が特に指名されて参加した。

「艦長、始めます」

そう、艦長にことわった秀隆は、

「ただ今から後発航期事案について、懲戒補佐官会議が開かれます」

と開会を宣言し、

「事案について説明します」

と言って、これまでに本人、補給長、指導官補佐の機関士から聞き取った結果をまとめて説明した。

艦長からは隊司令の考えを含めた補足があった。

「補給長、付け加えることはあるか」

「特にありません」

「機関士は？」

「特にありません」

「水雷長、海上自衛隊の規則ではどのような処分になるのか」

警衛士官に指名されている水雷長は分厚い海上自衛隊の規則集を前に置いて、関係する規則と処分について説明した。そして、

「今回の事案では司令がいろいろと尽力くださったことは十分に分かりますし、大変ご迷惑

をおかけしたことではありません。しかし、彼女がしっかりしたお嬢さんだから処分を軽減してはと言われるのは少し違うのではないでしょうか。軽減するのであれば、本人の反省が顕著であるというような理由が必要だろうと考えます。したがって、規則に基づいた処分が適当と考えます」

「補給長です。反省という点では駅で本人にあった最初に出た言葉が『すいませんでした』というもので、移動中の態度を見ていても十分に反省しているように見受けられました」

「機関士です。帰艦後の本人の様子から反省していると思います」

「機関長です。水雷長の申し分は分かりますが、補給長、機関士の発言から十分に反省していると考えられます。したがって、処分を軽減しても良いのではないでしょうか。さらに、もうひとつ考えなければならないのは本人の将来だと思います。司令が話されたときに潜水艦以外であれば海上自衛隊で引き続き勤務したいとの希望があり、既に司令の方で調整もしていただいております。

規則どおりの処分をすればおそらく海上自衛隊そのものを辞めてしまい、人材を海上自衛隊から失うことになり、司令のご厚意を無にすることになります。また、民間に出た後に反自衛隊になる可能性を否定できません」

その後も色々な意見が交わされたが、おおむね意見も出尽くしたのを見定めて秀隆は、

「艦長、お聞きのとおりです。私も機関長と同意見です。本人の反省及び将来を考慮し、あ

くまでも本艦の判断として規則に定められた処分を軽減することが妥当だと考えます。また、司令が調整してくださった転勤については至急その線で総監部人事課に本艦からも話をし、進めたいと考えます」

とまとめて艦長に報告した。

「わかった。会議の進言した処分とする。副長は転勤について総監部人事課と調整を進めるように」

艦長は、その決心を示すとともに以後の方針を指示し、司令に報告のため司令部に向かった。

その後、秀隆はその海士を見かける機会があった。階級章は既に海曹のものであり、左手薬指には指輪が光っていた。

最後の関門

潜水艦指揮課程：襲撃訓練

艦長への道で最後の関門が潜水艦指揮課程である。広島県呉市にある潜水艦教育訓練隊で行われる潜水艦指揮課程は艦長候補者達に艦長として必要な資質を身につけさせるための教育課程で襲撃と操艦、特に出入港に重点が置かれている。

襲撃は潜水艦を潜水艦たらしめている術科で、単純化して言えば狙った獲物に魚雷を命中させるためのアート（術）である。そして、それは潜水艦艦長の表芸でもある。

襲撃の基本はベクトル三角形である。

目標を魚雷で攻撃しようとする時、今いる目標に向かって魚雷を発射しても魚雷が目標に到達するまでの時間に目標も移動しているので魚雷は命中しない。速力2ノットの船は1秒間に約1メートル移動する。したがって、ベクトル三角形から魚雷が命中する目標の未来位置に向かって魚雷を発射することになる。

左図に示すように命中点を求めるのがベクトル三角形の解法ということになる。

このためには現在、目標が自分から見て何度の方向にいくらの距離のところにいるのかと、どの方向にどのようなスピードで移動しているかを正確に把握しなければならない。この作業を目標運動解析という。

目標運動解析の第一歩は目標の位置の把握である。すなわち、自艦から見た目標の方位と距離を観測し、これを繰り返すことによって目標の針路と速力を把握することができる。

この方位と距離の2つを得るためにはレーダーを使用するのが1番であるが、隠密性を最大の武器とする潜水艦にとってレーダーを使用するということは電波を発射することで、この電波を相手に探知されるという大きな危険を伴うため、レーダーの使用という選択肢は消去される。

潜水艦においてレーダー以外の手段としては選択されるのは潜望鏡とソナーである。

艦長自らが潜望鏡で目標を観測して行う攻撃を潜望鏡襲撃といい、ソナーからの情報だけに基づいて行う攻撃を聴音襲撃という。

潜望鏡襲撃では艦長が、潜望鏡で目標を観測し、そのデータに基づいて目標の運動を解析する。ただ、潜望鏡による観測では方位は正確に得られるが、距離は目測に頼らざるを得ない。

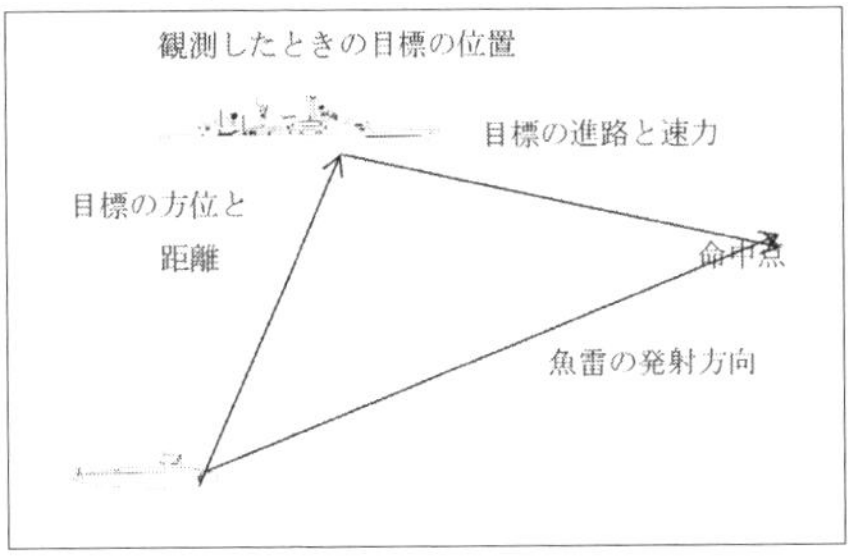

襲撃の基本はベクトル三角形（筆者作成）

目測とは言っても、潜望鏡で目標を観測した際に次の２つのいずれかの方法によってより正確に距離を得る努力がなされている。

一つは潜望鏡の視野の中に刻まれている分角を利用する方法である。

潜望鏡の視野の中に十字の線があって、そこに目盛りが刻まれている映像は潜水艦の映画では欠かすことのできない場面であるが、この目盛りが分角である。１０００メートル先にある１メートルの高さの目標を１分角と定義すると、もし目標の高さが判明していれば、その目標を何分角に見たかで距離を知ることができる。

今ひとつは、アナログ・カメラのピントの合わせ方と同じように虚像を動かして実像のマストの上に虚像の水線を合わせることで、目標のマストの高さが分かっていると距離が分かる仕組みを利用する方法である。

潜望鏡観測から得られる重要な情報として方向角がある。

方向角とは、潜水艦ではアングル・オン・ザ・バウ（angle on the bow）と発唱されることが多いが、潜水艦から目標を見た線に対して目標の艦が何度の角度に向いているかを示すもので、左右に０度から１８０度の角度で判定する。この方向角によって目標の針路を把握することができる。もし、目標がまっすぐ自艦に向かってくるのであればアングル・オン・ザ・バウ０度となる。

潜望鏡から見た護衛艦等
十字の線の少し左及び下にある目盛りが分画
（鉄のくじら館で筆者撮影）

これら３つの情報を得るためとはいえ、長々と潜望鏡を水面上に出すことは許されない。たとえわずかな部分であっても潜望鏡を水面上に出すということは相手から探知される可能性があるからである。

したがって、その時の海上模様に応じて目標を観測することができる必要最小限の高さだけ潜望鏡を水面上に出し、瞬時に観測して、直ちに潜望鏡を下ろすという感じで、非常に短い観測の間に目標の方位、距離さらに方向角を艦長は入手しなければならない。

艦長は目標を観測すると決心すると、

「目標を観測する」

と襲撃チームに対して観測の意図を明らかにする。

すかさず、襲撃チームから目標の予想方位がリコメンドされる。

艦長は、映画の画面にあるように艦内識別帽をつばを後ろにしてかぶり、潜望鏡の前にしゃがみ込みながら、

「潜望鏡上げ！」

を命じる。潜望鏡補佐の航海科員がすかさず油圧の弁を操作して潜望鏡を上昇させる。

潜望鏡の把手（はしゅ）が床面を超えると同時に航海科員は把手を開き、リコメンドのあった予想方位に潜望鏡を旋回させる。

艦長は対眼レンズに目を当て、潜望鏡の上昇に合わせて伸び上がっていく。

「目標視認。方位、これ」

と把手にある方位を送出するボタンを押す。

虚像と実像の重ね合わせを利用して距離を測定する場合は、航海科員に、

「マストハイ、１００フィート」

と基準になる目標の水面からマスト頂部までの高さを指示し、速やかに操作して、

「距離、これ。潜望鏡下ろせ」

と命じる。航海科員は潜望鏡を下ろす操作をしながら、表示された距離を確認して、

「距離、８０００ヤード」

と発唱する。この間に艦長は観測した目標を思い返しながら、

「アングル・オン・ザ・バウ、右25度」

と告げる。

分角を使用して距離を測定した場合は併せて、

「距離、△△分角。マストハイ○○○フィート」

と言うと、襲撃チームが直ちに計算して距離を報告する。

目標のマストハイをその都度指示するのは目標との距離、場合によっては海上模様によって目標の見え方が異なるためである。距離が遠いうちは目標は水線からではなく、上甲板から上しか見えていないかもしれない。その場合は当然、マストハイを低くしなければならない。

マストハイをより正確に推測するために、水上航走でレーダーを使用できる機会を捉え、行き交う海上自衛隊の艦艇、様々な商船の距離を測定し、その距離からマストハイを逆算するといった地道な努力を日頃から積み重ね、経験値を蓄積していくしか方法はない。

　このように艦長によって得られた方位、距離、方向角のうち正確なものは方位のみで、推測の域を出ないマストハイを利用する距離、アングル・オン・ザ・バウも艦長の目測によるため当然、誤差があると考えなければならない。

　したがって、何回かの観測の結果を作図などによって平均化し、より正確な解へ収斂させるように艦長を中心に襲撃に係わるチームが全力を挙げるのである。

　また、艦長自身は自分の観測がより正確になるよう訓練を積み重ねていく。

　潜水艦指揮課程における襲撃訓練においても学生に潜望鏡の操法を習熟させ、極めて短かい時間で方位、距離、アングル・オン・ザ・バウを観測できるように繰り返し、繰り返し厳しく指導する。

　その日は秀隆が艦長役に当たっていた。

　襲撃チームの主要な配置には同期の学生が配置されているが、潜水艦における船務科、航海科の海曹士の配置には潜訓勤務の海曹士が割り当てられ、潜望鏡補佐には女性自衛官の３曹が配置されていた。

「状況開始」

　教官卓から教官の指示が流れる。

　すぐにソナー卓から、

「ソナー探知。２８３度。ディーゼル音。感２」

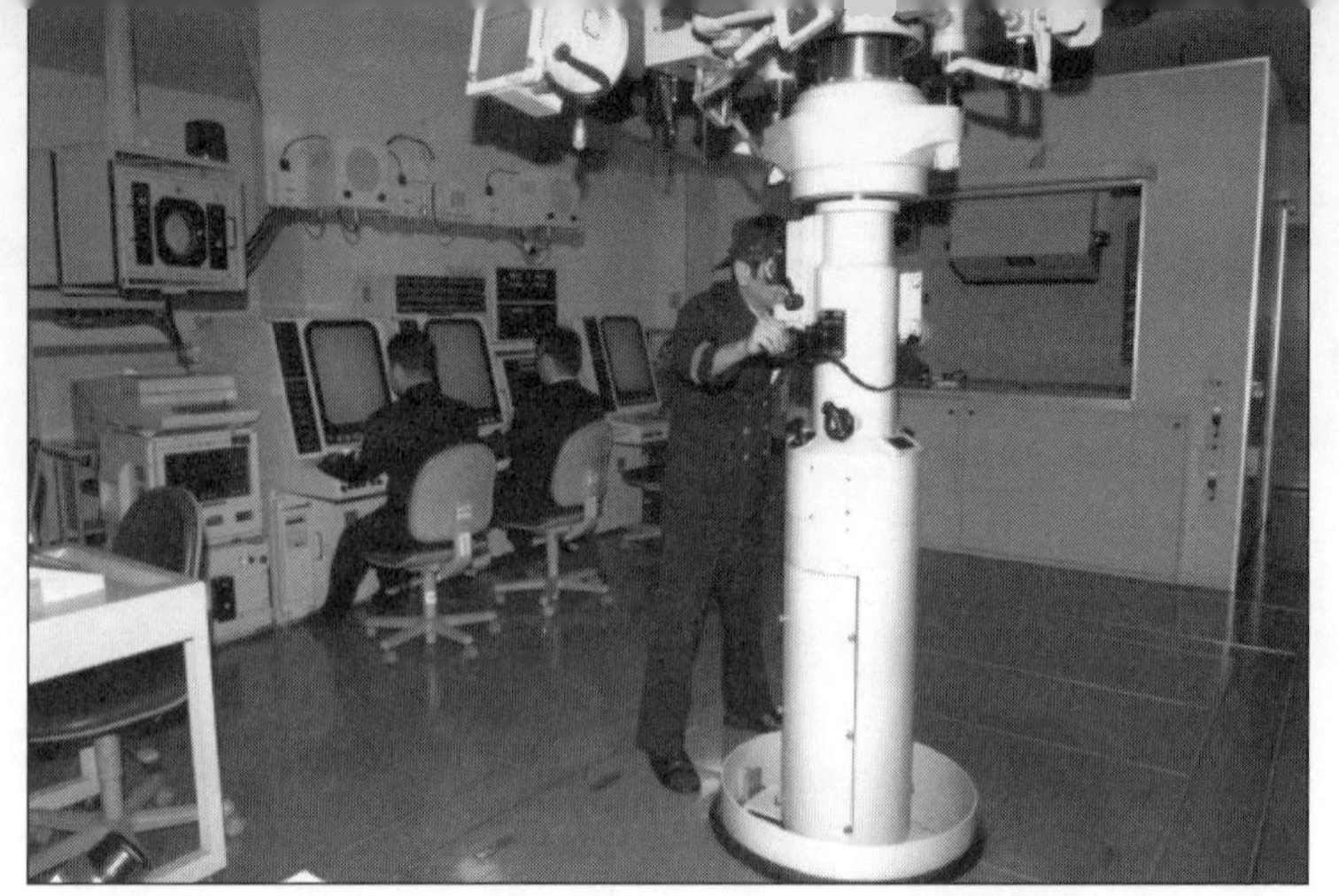

襲撃訓練講堂での襲撃訓練
中央が潜望鏡観測を行っている艦長役の学生。
奥は潜水艦戦闘指揮システムのコンソール

「目標を確認する、潜望鏡上げ」

上がってきた潜望鏡の対眼部がしゃがんで待つ秀隆の目に高さになると同時に目を当て、上がり続ける潜望鏡に合わせて伸び上がりながら旋回し、観測する。

いた！

「目標視認。ベアリング、マーク。潜望鏡下ろせ」

ベアリングは方位のことであり、マークは通常、潜望鏡の把手にある方位送出ボタンを押す時に発唱され、「方位、これ」の「これ」に当たるのがマークである。

海上自衛隊の潜水艦部隊はその創設期に米海軍から指導を受けたため、艦内では日本語の用語と英語の用語が混りあって使用されている。もちろん、標準となる文書にはすべて日本語で記載されているが、創設以来身についた英語の用語が今でも使用されることがあるのである。

さらに言うと「潜望鏡、上げ」は「アップ・スコープ」、「潜望鏡、下ろせ」は「ダウン・スコープ」と言い、観測することを「オブザベーション」と発唱する。

「その方向、ソナー探知目標。シエラ・ワン」

すべての探知目標をプロットしているプロット員から報告が上がる。

潜水艦では方位と時間とを座標軸にしてすべての探知目標をプロットし、艦長や哨戒長が全体像を把握するために利用している。

そのプロットでは探知した手段を明示するためにソナーで探知した目標であればソナー(SONAR)の頭文字を取ってSの後に一連番号を付していく。そして、発唱する時には錯誤を避けるため、「手紙のて」、「東京のと」というのと同じように、海上自衛隊、米海軍などではAであれば「ALPHA(アルファ)のA」と言うことになるが単に「ALPHA(アルファ)」とだけ発唱する。シエラはSを意味する。

さらに、複数の探知手段で探知していた目標が同一目標であると確認された場合、目標番号を統一し、マスター(MASTER)として一連番号を付していく。

襲撃訓練中の秀隆に話を戻す。

「目標視認。距離約10000。船体は完全に視認できないが、マスト及び艦橋を視認。アングル・オン・ザ・バウ、右15度。目標は駆逐艦。

海上模様。天気晴れ、波3、うねり2。この目標に対して潜望鏡襲撃を行う」

秀隆は、状況を襲撃チームに説明し、その意図を伝えると同時に次の観測について指示を出した。

その間にもソナーからは探知目標の報告が上がってくる。

「15秒前」

指示した観測が喚起される。

「視認の目標を観測する。アップ・スコープ」

すかさず

「相対方位、左23度」

とリコメンドがくる。

「相対方位、左23度」

潜望鏡補佐が復唱しつつ、上がってきた潜望鏡の把手を開き、相対方位目盛りを確認して誘導する。

「ベアリング、マーク。レンジ、マーク。マスト・ハイ100フィート」

「ダウン・スコープ」

この間に潜望鏡補佐は距離を読み取り、

「距離、9600（ヤード）」

と発唱しつつ潜望鏡を降下する。

秀隆は目標の残像を思い起こして
「アングル・オン・ザ・バウ、右20度」

プロット員から、

「シエラ・ワンと艦長視認目標は同一目標。マスター・ワンとします」

と報告が上がる。

「了解」

どのくらいの間合いから魚雷を発射するかなどを考えているうちに、

「15秒前」

観測への注意喚起。

潜望鏡の前にしゃがみ込み、毅然とした声で、

「マスターベーション……」

「？」

と思って目線を上げると潜望鏡補佐の女性自衛官は向こう向きになって必死に笑いをこらえているだけでなく、襲撃訓練講堂にいる全員が下を向いてしまっている。

「状況中止」

教官の指示が出たとたん、講堂内に笑いが弾けた。

同期に、

「吉田、マスターベーションはないだろう。マスターベーションは」

と言われてようやく気がついた。

「オブザベーション、マスター・ワン」というところを間違えたのだ。

このまま、訓練続行は難しいと判断した教官から一旦休憩の指示が出て、改めて開始された状況で秀隆は見事目標を撃沈した。しかし、

「これで襲撃訓練に絡めて記憶に残る話題を提供してしまった」

少々憂鬱になっていた。

潜水艦指揮課程：潜水艦航海術科訓練

操艦、特に出入港時の操艦もまた、潜水艦艦長の表芸の一つである。通常の航行中は、操艦を哨戒長に委任しているのに対し、出入港時の操艦は艦長自らが行っている。入港の時の操艦がうまければ、入港に要する時間は短くなり、乗員はそれだけ早く上陸できることにもなって、その士気は高くなる。

操艦の上手、下手はセンスによるところもあるが、襲撃と同じように訓練を繰り返し、センスを磨くことも含めて技量を向上させていくしか王道はない。

潜水艦指揮課程でもできるだけ学生に操艦訓練の機会を与えたいところではあるが、訓練に充当できる潜水艦が十分ではない。各潜水隊群に所属する潜水艦にはそれぞれに任務があ

り、潜水艦の整備、乗員の休養も考えるとなかなか潜水艦指揮課程に対する教務協力は得にくいのである。潜水艦隊には練習潜水艦2隻を擁する第1練習潜水隊があるが、潜水艦教育訓練隊の様々な課程学生に対する協力だけでなく、新しい装備の試験などにも協力しているので潜水艦指揮課程の学生が占有することはできない。

そこで威力を発揮するのが潜水艦航海術科訓練装置というシミュレーターである。通常、英語の頭文字を取ってSNATと呼ばれている。

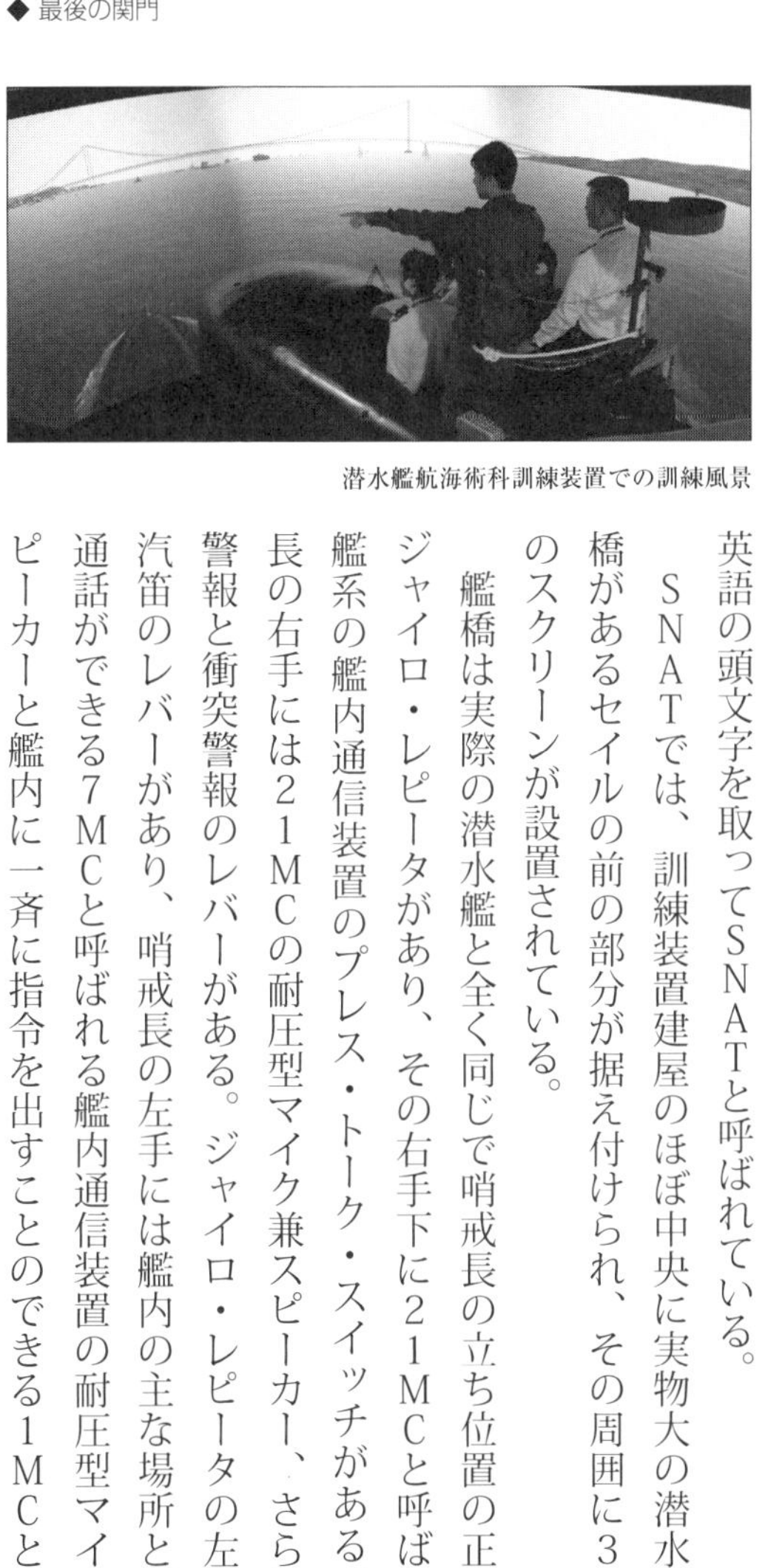
潜水艦航海術科訓練装置での訓練風景

ＳＮＡＴでは、訓練装置建屋のほぼ中央に実物大の潜水艦の艦橋があるセイルの前の部分が据え付けられ、その周囲に３６０度のスクリーンが設置されている。

艦橋は実際の潜水艦と全く同じで哨戒長の立ち位置の正面にはジャイロ・レピータがあり、その右手下に２１ＭＣと呼ばれる操艦系の艦内通信装置のプレス・トーク・スイッチがある。哨戒長の右手には２１ＭＣの耐圧型マイク兼スピーカー、さらに潜航警報と衝突警報のレバーがある。ジャイロ・レピータの左下には汽笛のレバーがあり、哨戒長の左手には艦内の主な場所と個別の通話ができる７ＭＣと呼ばれる艦内通信装置の耐圧型マイク兼スピーカーと艦内に一斉に指令を出すことのできる１ＭＣと呼ばれる通信系のプレス・トーク・スイッチ、７ＭＣの選択スイッチ及びプレス・トーク・スイッチが組み込まれた装置が装備されている。

　また、哨戒長の足下には前後進の発停表示ランプがついた舵角指示器がある。隣には発令所を模擬した部屋があり、潜望鏡と航海科の海図台、ＤＲＴがある。

　秀隆が臨む今回の訓練は出入港訓練ではなく、狭水道の通峡法であり、瀬戸内海航行の中でも難所の一つ、来島海峡の通峡訓練である。

　来島海峡は今治市の北東側の燧灘と安芸灘をつなぐ瀬戸内海の要衝である。東に向かえば燧灘、播磨灘を経て明石海峡に達する。西は安芸灘を経て広島湾、あるいはさらに伊予灘を経て関門海峡や豊後水道にいたる。

　小島、馬島、中渡島、津島などの島々が散在するため可航幅が狭く屈曲し見通しが悪い。

　前記の島々により、来島の瀬戸、西水道、中水道、東水道に分けられ、主要な航路として屈曲した西水道とほぼまっすぐの中水道が使用される。

　この海峡は潮流が早く、10ノット近くになることもあり、潮流によって通る水道が異なる。「順中逆西」と言われ、追い潮の時は舵の効きが悪くなることから航路がほぼまっすぐの中水道を航過し、向かい潮では航路筋は屈曲していても舵の効きは期待できることから西水道を通るように定められている。

　もっとも、西水道では舵の効きが期待できると言っても潮が強い時に操艦を誤ると潮流の力で陸地の方へ押し流されてしまうこともある。

さらに、潮流が北流、すなわち北に向かって流れる時は右側通行となるのだが、南流の時は左側通行となる。通常の航行では艦船は右側通行を行うため、南流の来島海峡通峡の時は針路が交錯することになる。

今回、秀隆は瀬戸内海を西に広島湾に向け、燧灘を航行中であるとの想定で訓練中である。来島海峡の潮は北流から南流に転じた直後である。

スクリーンには大島の姫政山、亀老山、館山などの山並みがシルエットで示される。右前方には来島海峡海上交通センターが映し出されている。大島の西南端にある地蔵鼻の影から南航船が現れ、来島海峡航路に沿い、東口に向け航行している。

スクリーンに現れる東航船の状況を見ながらどのようにして左側に出るかを秀隆は考えていた。

来島海峡を西航して西水道を通る時は、ここが第1のポイントである。ただし、航路筋にある間はこれに従って航行しないと海上保安庁、この訓練では教官から大目玉を食らうことになる。

航路筋を示す最後の備後灘航路1番ブイを過ぎようとする時に東航船の列に4000ydsの隙間があったので、この2隻の間を通って南側に出ることを決意した。前を行く小型船の船尾を交わすごとく大きく左転し、東航船の列をかわして南側に出た。東航船の列を十分にかわし、今治側の近見山を270度に見たところで右転し、針路を来島海峡航路東口に向けた。

フェリーや漁船の動きに注意しながら航路に入航、航路の左寄りを航行しつつ西水道に向かった。狭い航路においては航路をこれに沿って航行している船舶同士とはさほど問題は起こらないが、航路を横切るフェリーや動きの不安定な漁船には要注意である。

本日の想定では航行を邪魔する目標は、あまりいないようである。西水道に入り、しまなみ海道の橋の下を抜けると馬島と小島の間を抜けるように北東方向に変針するのだが、この時、大きな舵を使うと潮の影響をまともに受けて、馬島の方向に押し流されかねない。

潮の様子を見ながら小さな変針を繰り返して西水道を抜け、そのまま航路の左寄りで西口に向かった。来島海峡航路を出た後は、航海の原則である右側通行になるよう、来島海峡に入ろうとする船舶の列を再びかわして右側に出た後、安芸灘を航行することとなる。

どの船の間を通って右側に出るか思案しているところで教官から「状況中止」が指示された。

艦長

艦長の職責

海上自衛隊の規則では「艦長は、1艦の首脳である。艦長は、法令等の定めるところにより、上級指揮官の命に従い、副長以下乗員を指揮統率し、艦務全般を統括し、忠実にその職責を全うしなければならない」とされている。

したがって、艦長は艦に関することすべてに責任を負っていることになる。

何よりも預かった潜水艦の全能発揮に意を用いなければならない。

潜水艦に限らず船はマン・マシン・システムと呼ばれる。すなわち、人と機械の融合によって初めて能力を発揮する。このため、艦長は武器、機関などを含めた艦の性能の把握に努めると同時に、乗組員の能力も把握し、適切に配置しなければならない。艦内の編成、部署・内規などを適切に制定しなければならない。

艦の性能を知るとは、この潜水艦は水上で実際にはどのくらいの速力を出すことができるのだろう？　水中では？　停止を命じたらどのくらいの距離を進んで止まるのだろう？　ある速力で面舵一杯を取るとどのくらいの距離を進んだ後に曲がり始め、90度回頭した時には元の針路からどのくらい右に移動しているのだろう？　水中をある速力で走った時、電池は1時間でどのくらい消耗するのだろう？　潜望鏡を使用している深度から深度変換を命じたらどのくらいの時間で新しい深度に到達するのだろう？　これらの疑問に対する答えを把握することが艦の性能を把握するといって良いだろう。もちろん、質問はもっともっと多く存在する。

乗組員の能力は、各乗組員がどのような教育を受けてきたのか、技能検定、術科競技の成績はどうなのか、日頃の訓練や業務の中で発揮される能力は、といったことから把握していくことになる。

乗組員については各人の能力だけでなく、チームとしてどれだけ能力を発揮できるかが大きな鍵であり、重要となってくるのが部署の制定と配置表の作成である。部署と配置表とは密接な関係にある。

部署というのは戦闘や火災、浸水などの緊急の事態あるいはその他の艦で実施される通常の業務、例えば出入港、狭い水道などの通航、霧が出て視界が悪くなった時の航行をどのような号令で乗組員を配置につけ、どのような編成をもって、どのような手順で行うかを定めたものである。

少々荒っぽいが、それぞれの場面で人をどのように動かすかを規定したものが部署と理解して差し支えないだろう。

部署についてもう少し述べてみると、部署は出入港部署のように共通するものと艦種独特の部署とがある。

戦闘部署の中に合戦準備部署というのがある。これは読んで字のごとく艦が戦闘のための準備を行うもので、すべての武器、センサーを起動し、いつでも事態に対応できるように準備をしたり、被害が生じた時、それを局限するように各防水扉を閉鎖したり、消火用のホースを展張し水を通しておいたりする。乗組員も艦長以下、ヘルメットをかぶり、救命胴衣を着用する。したがって、実際の射撃や魚雷発射訓練以外の訓練では合戦準備に対する号令には頭に「教練」がつけられる。

しかし、潜水艦では「教練合戦準備」というものは存在しない。潜水艦における合戦準備は潜航準備であり、潜水艦が潜航するということは戦闘に備えることと言っても過言ではない。このため、潜水艦では教練合戦準備は存在しないのである。

一方、潜水艦にあって水上艦艇にないものを紹介してみると、その一つが爆雷防御である。第2次大戦中の潜水艦の映画では潜水艦が水上艦艇に爆雷攻撃を受ける場面が必ずといって良いほど出てくる。

描かれる場面は電球が飛んだり、海水が噴き出したりといったものがほとんどであるが、爆発の衝撃でハッチが跳ね上がって海水が浸入することも戦史では報告されている。このため、潜水艦では爆雷攻撃が予想される場合にはその対策を可能な限り行っておくのである。

潜水艦救難艦「ちよだ」のセンターウェル上のDSRV

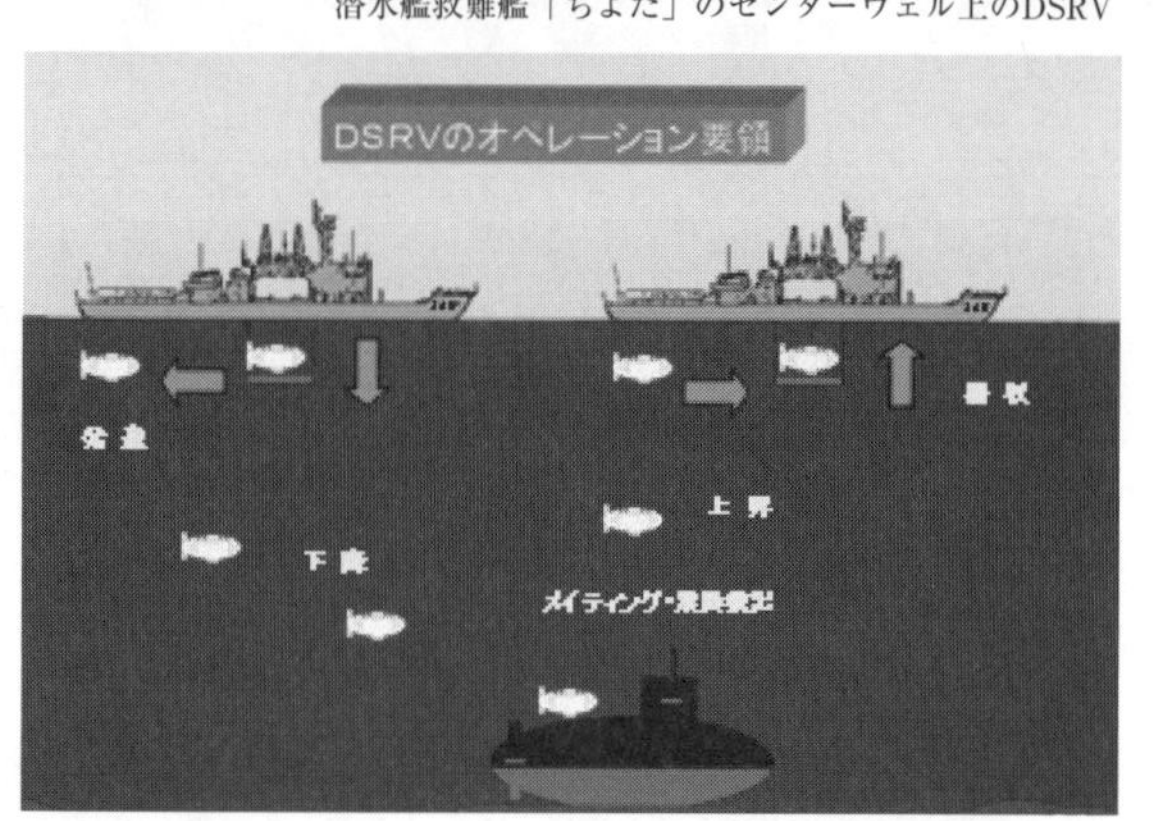

DSRVによる潜水艦救難作業の流れ

今の時代に爆雷攻撃はないだろうと思われるかもしれないが、投下軌条を転がしたり、Y砲／K砲で投射される爆雷を装備した艦艇は依然就役しているし、例えば中国の「江凱（じゃんかい）Ⅱ」級ミサイル・フリゲートはＴｙｐｅ８７と呼ばれる対潜ロケットランチャーを装備している。これは6連装の対潜ロケットを発射するもので射程の長い爆雷と言って差し支えない。

もう一つ紹介すると塩素ガス防御というものがある。

海上自衛隊の潜水艦は通常型潜水艦に分類され、水中では電池から供給されるエネルギーで行動する。このため、艦内には大量の蓄電池が搭載されている。この蓄電池に何らかの理由によって海水が混入した場合、塩素ガスが発生する危険がある。

言うまでもなく塩素ガスは人体に有害なガスであり、万一塩素ガスが発生した場合には海水が混入した電池を特定し、これを電気的に切り離し、一方で艦内の換気を行うなどの処置を迅速かつ的確に行わなければならない。このため、潜水艦には塩素ガス防御という部署が定められている。

もう少し紹介してみると、潜水艦には面白い部署がある。ひとつは沈座である。

潜水艦は海底の条件さえ良ければそこに居座ることができる。第2次大戦初頭、ドイツのプリーン大尉（当時）率いるU―47潜水艦が英国海軍の根拠地スカパー・フローに侵入し、戦艦「ロイヤル・オーク」を撃沈した。プリーン大尉は、侵入前に海底に沈座し、侵入の時期を見計らっていた。

海上自衛隊で沈座が最も使用されるのは救難訓練においてである。海底に沈座した潜水艦を沈没した潜水艦に見立て、潜水艦救難艦から発進したＤＳＲＶが脱出筒の上部ハッチにメイティングして、乗員を救出するのである。

もう一つは無音潜航である。

これまでも触れてきたように潜水艦の戦いは音の戦いと言っても過言ではない。相手の音をいかに早く聞き取るか、そして自分の音をいかに局限して相手に聞き取られないか、これが命の分かれ目なのである。

このため、海上自衛隊と日本の造船工業界は潜水艦の音をいかに少なくするかに、現在でも血のにじむような努力を続けているのである

就役した潜水艦も定期的にどのような音がどこから、どの程度出ているかを検査し、音への対策に腐心している。

機械の集合体である以上、潜水艦から発生する音をゼロにすることはできない。

しかし、機械を止めてしまえば音は出ないわけであるから生活環境を犠牲にし、作戦に必要な機器だけを動かすようにしたのが無音潜航である。

無音潜航中の潜水艦内の環境は厳しいものがある。かって、ある電子機器メーカーの技術者が「えっ、こんな厳しい条件の中で作戦しておられるのですか。知りませんでした」と驚いたことがあるが、今日も日本周辺の海域で厳しい艦内環境に耐えながら潜水艦乗りは我が国の安全のために勤務しているのである。

そして、潜水艦が潜水艦たる所以でもある部署——潜入と浮上に関わる部署——も当然、定められている。

部署についていろいろと述べてきたが、もう少し部署に関係することを述べてみたい。

潜水艦では部署に定めはない、不測の事態が発生した時にどのように対処するかが定められている。

それは「カジュアリティ」と呼び習わされているが、例えば潜入する場合にはメイン・バ

ラスト・タンク頂部にあるベント弁を開いてタンク内の空気を抜き、予備浮力を失って海中に入る。この時、一つのベント弁が開かなかった時にどのように対処するのかといったことが「カジュアリティ」の部類に入るのである。

これもいくつかあるメイン・バラスト・タンクのうち、どのタンクで発生したかによって対処が異なってくる。船体中央付近であれば安全に潜航するのに大きな危険を伴う恐れが少ないので潜航を継続しながら、当該ベント弁を人力で開閉の操作を行い、原因を調査して、修理を行えばすむのである。

しかし、一番艦尾側にあるベント弁が開かなければ、そのタンクのみに予備浮力が残ってちょうど首を水中に突っ込んでお尻だけ出している水鳥のような形に潜水艦が陥り、危険である。この場合、すべてのベント弁を閉鎖して、潜航を中止し、最後部のベント弁を人力で開いた後、すべてのベント弁を開いて潜航を再開することになる。

あるいは、潜水艦にはネガティブ・タンクというタンクがあり、タンクには海水が満たされて、潜水艦に負の浮力を与えており、潜航をスムーズに行うことができるようになっている。ただ、潜水艦が水中に入ってしまえばこのタンクの中の海水は不要となるので高圧空気で艦外に排出するのだが、この海水の排出ができないとなると水中に入った潜水艦の釣り合いを取るのが難しくなる。この場合にはどのように対処するのか。

このような事態に対処する要領は部署には規定されていないが、潜水艦特有のものとして対処要領が「カジュアリティ」として定められているのである。

そして、それぞれの部署における編成のどの配置に誰を当てるかを定めたのが配置表である。

配置表の作成に当たってよく適材適所と言われるが、海上自衛隊が階級社会である限りジレンマも存在する。

適切な配置表を考える上で重要なのが人事である。人事については各分隊長、副長の補佐が得られるが、やはり艦長の重要な職務である。

先にも触れた乗組員に規律違反があった場合には警衛士官に状況を把握させ、懲戒補佐官会議を招集して、妥当な処分を決定しなければならない。もちろん、重処分と呼ばれる重い処分については関係令達（れいたつ）の定めるところに従い、上級の指揮官に意見を付して報告することになる。

信賞必罰とは言うがなかなかに難しく、微妙なさじ加減で頭を悩ますことも少なくない。

人事は乗組員本人だけでなく、家族にも影響を及ぼすものであるだけに定期の勤務評定、昇任人事、昇給人事には神経を使う。この会議では分隊長は自分の分隊員を熱心に推してくるので、いよいよ大変である。艦長として分隊長の主張及び副長の意見を参考にしながら決定していく。

幹部の人事については将来、艦長にして良いかどうかの判断の物差しの一つとなる海技技能の審査もしなければならない。ここで海技技能が不十分であると評価されると艦長への道は極めて厳しいものとなる。

また、艦長は乗組員の健康管理に注意しなければならない。潜水艦では定員上、衛生長が記されているが、医官が乗り組んでおらず、通常看護長と呼び習わしている看護師の資格を持つ衛生科員が乗り組んでいるだけの無医村地区である。

このため、艦長としては乗組員の健康には常に気を配っていなければならない。特に、インフルエンザなどの感染性の病気が流行る時期には手洗い、うがいなどを励行（れいこう）させるよう繰り返し注意喚起を行うこととなる。

しかし、それでも病気の艦内への侵入を防ぐことは難しく、出航後、感染性の病気が発症することがある。

ある時は感冒（かんぼう）が蔓延し、乗組員の約3分の1が倒れ、健康なものだけで直を組み直し、行動を乗りきった例もある。

秀隆が水雷長の時には風疹が発生した。この時は幸いなことに千葉県の館山基地の近くであったことから、上級司令部に報告すると同時にヘリコプターの派遣を要請し、風疹患者を洋上でヘリコプターにピックアップし、病院へ搬送してもらったこともあった。

人事に関して艦長の頭を悩ます問題の一つは乗組員の家族に不幸が発生した時である。秀隆が潜水艦部隊に足を踏み入れた頃は、一度潜水艦に乗れば、親の死に目にも会えないし、葬儀にも出席できないと覚悟するように言われ、またそうなのだと思ってきた。

しかし、社会の風潮の変化からそうとばかりは言ってられなくなってきた。

現在、ソマリア沖海賊対処に派遣されている部隊の隊員たちにこのような事態が生じた場合、海上自衛隊は交代要員を送ってでも当該隊員を帰国させ、葬儀だけでも出席できるように配慮している。

行動中のある日、1通の電報を受信すると、それはある乗組員の親が危篤との知らせであった。

秀隆はすぐに副長と分隊長を呼んで当該乗組員に伝えさせると同時にその意向を確認させた。

本人は涙ながらに苦労をかけてきた親なのでできるだけ速く帰省したいと申し出てきた。

秀隆は直ちに上級司令部へ本人の意向を添えて、現在実施中の訓練を一時離れ、ヘリコプターと会合できる地点へ向かいたい旨の電報を発信した。

折り返すように上級司令部から現在の訓練を離れ、ヘリコプターとの会合点へ迎えとの命令を受信した。そこには会合点及び会合予定時間が示されていた。

潜水艦は水上よりも水中の方が速い。出し得る最大の速力で会合点に向かい、浮上して当該隊員のヘリコプターによるピックアップに備えた。

後日、その乗組員からは死に目には会えなかったが、葬儀に出席でき、最後の親孝行ができきたと報告を受けた。

乗組員の健康に関してもう一つ、紹介しておきたい。鉄の棺とも呼ばれ、海中を行動する潜水艦において最大の楽しみは食事である。艦長は給食に関して適切に栄養管理をしなければならないとされている。艦内で出される食事は総監部から示される標準献立に基づいて調理されるが、最後は調理員たちの腕の見せどころでもある。

食事について大切な指数の一つが残飯の量であり、調理員たちはその量に常に気を配っている。

その中で注目されるのが艦長の食事なのである。

好き嫌いのある秀隆には苦い経験がある。

艦長になった最初の食事で秀隆は補給長をそっと呼んで、

「補給張、実は私は結構、好き嫌いがある。したがって、食事で私が残したからといってあまり気にしないでもらいたい」

と伝えておいた。

特に魚類が苦手な秀隆は、焼き魚や煮魚の時はどうしても残しがちになる。

補給長には伝えてあるからと考えていた秀隆にある日、補給長と調理員長が、

「艦長、このところ艦長の残飯が多いのですが、何か味に問題があるでしょうか？」

真剣な表情で質問してきた。秀隆は内心、しまったと思ったがとりあえず、

「いや、食事がまずいと言うことではなく、私がわがままで好き嫌いがあるために残してしまったので気にしないで、今までどおりおいしい食事を乗組員に出してやってほしい」

と伝えるのがやっとだった。

それ以後、秀隆は苦手なメニューでもできるだけ残さないように心がけることにした。おかげで好き嫌いもだいぶん克服できてきた。

このほか艦長の仕事には、日誌等の査閲（さえつ）、定期諸報告の提出、教育訓練、実習員等の教育、規律の維持、艦の偉容の保持、秘密保全、火薬等および火気等の取り扱いに関する事項、上陸や休暇の許可、その他の人事に関する事項として准海尉の掌船務士等への指定、分隊長や先任伍長などの職務の任免などさらに色々な事項が含まれる。

船体や機関など主要な機器装置等に故障が発生し、任務や行動などに支障あると判断した時は速やかに上級指揮官に報告し、また修理を担当する部隊に通報してできるだけ速やかに故障した機器を復旧させなければならない。

秀隆は副長の時に大きな経験をした。秀隆の潜水艦は函館へ入港の予定で津軽海峡の東の入り口、尻屋崎を左に見ながら大間崎（おおまざき）の一番狭いところにさしかかろうとしていた。この時、視界が悪くレーダーを使用しながら慎重に航行していたのだが、突然発令所から、

「レーダー故障」

という報告が上がってきた。

状況を聞くとレーダーの部品の一つが故障し、レピーターに映像が映らないというのである。視界が良ければまだしも、あいにく視界が悪い。

レーダーが使用不能の状態では行き会う船の状況も分からないし、艦の位置を測定することもできない。

艦長は船務長に機器に故障が生じたことおよび函館に停泊中に修理を完了したい旨を報告・通報する電報の起案を指示すると同時に秀隆に、

「副長、副長は艦橋で操艦に当たってほしい。私は発令所で潜望鏡のレーダーを使用して目標の捜索と艦位の測定を行う。通信系は私と副長の間は直通のものを準備しよう。見張りは航海保安部署に準じて増員するよう下で命じておく」

「了解しました。とりあえず電池航走とし、速力を半速とします」

「了解」

そう言い残して艦長が発令所に降り、しばらくすると航海科員が1名艦橋に上がって来てこれまでの見張りに加わり、さらに左右の潜舵上にも見張り員が配置について少なくとも目視の見張りは強化された。

さらに、艦内通信を担当するIC員が艦長と直通の無電池電話のセットを持って上がって来た。

「艦橋、発令所。艦長から副長へ、感明いかが？」

「感明、良好。海上模様変わらず、視界約1000」

「右20度、3000（ヤード）に中型目標。方位左に変わる。艦位、予定コースの右に50」

「了解」

この目標は本艦の艦首を横切って行くのでとりあえず危険な目標ではない。

「右見張り、右20度、3000に目標。今のところ方位左に変わる」

「了解、右見張り」

振り返ってレーダーを組み込んだ潜望鏡を見ると、ゆっくりと旋回し、時々ある方向で左右に首を振るような動きをしている。

潜望鏡に組み込まれたレーダーは指向性が高く、広い範囲を捜索することはできない。このため、艦長は潜望鏡をゆっくり旋回させることで行き会い船の捜索を行い、時々、推定位置から著名な陸上目標の方を潜望鏡のレーダーで捜索し、艦位を決定しているのである。

こういう時の時間の流れは遅く、なかなか事態は好転しなかったが、気がつくと何となく明るくなったようで視界も開けてきたように思われる。

そう思っていると左見張りから、

「水上目標視認。左15度、2000。右に進む。目標はフェリー」

と報告が上がって来た。すぐに無電池電話で、

「艦長、左15度にフェリー視認しました。現在の距離はいくらですか？」

「距離、２１００」

「了解しました。現視界、２０００。徐々に視界は開けてきています」

その後、視界は良くなり、目視だけで航行をし続け、函館に予定どおり入港した。

そして、翌日にはメーカーが部品を持って修理に来艦し、レーダーの故障も復旧して以後の行動を予定どおり実施することができた。

今ひとつの経験は秀隆が艦長になって、ある出港の時である。出港準備作業を艦橋で見守っていると発令所の操舵員から、

「舵故障」

との報告が上がって来た。急いで艦尾を振り返ってみると舵は異常なく動いているように見える。

「状況知らせ」

発令所にいる機関長に命じると、しばらくして、

「舵角を発令所や艦橋の舵角指示器に送る発信器が故障。舵そのものは異常なし。なお、発信器の予備は本艦に在庫がないので、在泊中の他の潜水艦にも至急問い合わせましたが、予備品なし」

と報告があった。

「了解、行動には大きな支障はないので、予定のごとく出港する。舵の機側に１名配員し、

実舵角を操舵員に通報できるよう手配せよ。機関長は船務長に替わって故障に関する電報を準備し、次の寄港地で発信器を受領できるようにせよ」

「了解、機関長」

ということで秀隆は予定どおり出港していった。

ただ、秀隆が希望した次の寄港地では部品は間に合わず、洋上でヘリコプターから渡す旨の電報が上級司令部から入って来た。そして、予定の地点でヘリコプターと会合し、部品を受け取り、自艦において修理を行って以後の行動を行った。

艦長の職責は艦内にだけ向いているわけではない。

海上自衛隊の規則では総監部の所在地以外の港に入港した場合には最寄りの自衛隊の部隊や関係官公庁の長を表敬するのが例とされている。

関係官公庁とは通常、市役所、警察署、消防署が一般的で、県庁所在地では県知事にまで表敬することもある。ただ、表敬で困るのは海上自衛隊に馴染みのないところでは時として隊司令よりも艦長の方が偉いと思われているのではないかと心配になる対応を受けることがある。

上司である隊司令が乗艦の時は、表敬は隊司令に同行するのであるが、表敬先では何となく隊司令は蚊帳の外に置かれたような雰囲気になってしまって艦長として大いに気を揉む場面に出くわすことがある。一般には艦長というのがもっともインパクトが強いのかもしれない。

このような総監部の所在地以外の港に入港した場合にその地の自衛隊協力者の方々と酒席をともにする機会も少なくない。この機会は秀隆にとってはいささか苦痛であった。音痴の秀隆はこの世にカラオケという余分なものがなければといつもカラオケを呪うのである。何しろ、一緒に飲んだときに先輩から一曲歌えと強要され、渋々歌ってみると、

「吉田、うまくなったなあ。吉田独自の編曲が」

ととんでもない評価を受けた秀隆である。

しかし、常日頃、自衛隊が様々な業務を遂行する上で色々な協力を惜しまない人々との酒席で、

「艦長、是非、一曲」

と言われて固辞し続けるわけにもいかない。そこでせめて1曲でも持ち歌をと思って、練習しようにもなかなか適当な場所がない。家族の前では揶揄が入ると思うと実施しづらいし、静粛を旨とする潜水艦ではいよいよ歌の練習とはいかない。

そこで考えついたのがスノーケル中の機械室である。スノーケル中はディーゼル・エンジンが轟音を上げて運転しているので音の外れた大声を出しても支障はない。ただ、エンジンが運転中の機械室では聞き取らなければならないメロディーがほとんど聞こえない。難聴になるのではないかと思うくらいボリュームを上げて練習してみたが、大して効果はないとそ

の内に止めてしまい、もっぱら聞き役に徹することにした。

対外的にもうひとつ大切な任務が広報である。潜水艦の場合、秘密保全との絡みもあり、艦長が見学などを許可することはなく、上級司令部が受け付け、許可した見学を実施することになる。

広報班での勤務の経験がある秀隆は、見学にきた人々を一城の主である艦長が出迎えることの大切さを教えられてきたので、事情が許す限り秀隆自身が出迎え、説明、案内などをすることにしていた。

このほかにも、事故防止、火薬類および火気の取り扱い、海洋汚染防止、秘密保全等々、海上自衛隊の規則をひもとくとおよそ艦に関係すると思われる様々な事項が艦長の職責として記載されている。

航空機との対抗訓練

「航空機、向かって来る。スノーケル止め」

次いで深度を変換する号令、変針の号令、増速する号令が続けざまに発令所に響く。

「ターン、ターン」

発音弾の音が海中に響く。

さらに「ターン」、「ターン」と一定の間隔を置いて発音弾が投下されてくる。

対潜哨戒機はアクティブ戦で潜水艦を追尾しようとしている模様である。

アクティブ戦というのは潜水艦の位置を基準にあるパターンでソノブイを敷設し、発音弾を投下して、直接ソノブイに伝わる音と潜水艦に当たって跳ね返ってきた反射音との到達時間の差から潜水艦の位置、さらには針路と速力を割り出していこうとする戦術である。

そして、潜水艦の動きが分かるとその直上を通って、ＭＡＤの探知を確認してから魚雷を投下するのである。

ＭＡＤというのは磁気探知機のことである。鉄でできた潜水艦はある期間、地球という大きな磁石の上である方向を向いたまま建造されるため潜水艦自身も磁石になってしまう。これは縫い針を繰り返し磁石でこすると縫い針が磁石になるのと同じことである。

この潜水艦が行動すると地球の磁場が乱されることになり、この磁場の乱れを探知するのがＭＡＤである。

秀隆はすぐに基本となる回避の方向を決定し、できるだけ早く対潜哨戒機の捜索円の外に出ることに努めた。

「秒時計用意」

と命じ、次の発音弾の音が聞こえた時に、

「秒時計発動」

と発音弾の投下間隔を計測し始めた。この計測から対潜哨戒機がデータム——すなわち対潜哨戒機が最後に潜水艦を確認した位置――を中心にある半径の捜索円を設定したことが読み取れる。

秀隆は戦闘指揮システムについている船務長に必要な作図を命じ、対潜哨戒機の手の内を見抜き、状況の主導権を握ろうとした。

「発音弾の間隔が延びた」

秒時計を担当した航海科員が報告してくる。

対潜哨戒機はこれまでの捜索追尾の飛行パターンから攻撃のパターンに入り、潜水艦の直上を通った時にＭＡＤの探知があると魚雷を投下するということを示している。

このままでは直上を航過され、攻撃を受けること請け合いである。

「面舵いっぱーい」

大きく変針することで対潜哨戒機の攻撃の間合いを外す。潜水艦の直上を航過したと思った対潜哨戒機はＭＡＤの探知が得られず攻撃できないはずである。

「発音弾の間隔が元に戻った」

思ったとおり対潜哨戒機は捜索パターンに戻って潜水艦の運動の解析をやり直し始めた。

「とーりかーじ」

先ほど攻撃をかわすために大きく変針したのでその半分だけ修正する。

こうして、攻撃の機会を与えず、しかも潜水艦として回避したい方向を見失わないようにしながら虚々実々の駆け引きを繰り返して航空機の追尾を振り切って行った。

対潜航空部隊と対抗演習に参加した秀隆は定められた時間帯に定められたスタート・ラインを通って、与えられた任務を達成するために目標海域に向かっていた。

演習海域は日本周辺のかなり広い海域で、もちろん、航空部隊は秀隆の目的や行動を知らされていない。ただ、演習海域に潜水艦が行動中でその撃破を命じられているだけである。しかし、そこに潜水艦がいることは間違いと分かっているので航空機の認識度はかなり高いと考えなければならない。

しかし、この日の天候は荒れており、海面は白波に覆われて潜水艦にとって有利と考えられる海上模様であった。秀隆はそこに心の隙が生まれて、スノーケル中に探知されてしまったのである。

潜水艦の最大の武器は隠密性にある。

襲撃を行った場合を含め、存在を暴露した潜水艦は脆弱な存在である。このため、できるだけ早く隠密性を回復しなければならない。しかし、言うは易く、行うは難しである。

一度探知を得た対潜部隊もあの手、この手で潜水艦を逃がすまいとして追尾して来る。

ここに潜水艦と対潜部隊の虚々実々、狸と狐の騙し合いのような駆け引きが始まることになる。

「恋と戦争は何をやってもよい」という表現がある。もちろん、今日では一般市民などを保護するために国際法によって規制があり、戦争において何をやってもよいというわけにはいかない。それどころか国連憲章によって戦争そのものが違法化されている。しかし、水中での戦いでは依然、真理である。

死んだふりをしてみたり、自然環境を利用して隠れてみたり、疑似餌を撒いてこれに対潜部隊が食いついたチャンスに先に逃げ出したり、あの手、この手を考えて回避を図るのである。

というわけで、今回はなんとか対潜哨戒機の追尾を振り切ることができた。

海中深く潜んだ秀隆は生活環境を切り詰め、作戦の継続に必要な機器だけを運転して、自分の存在の痕跡を消すことに努めた。自らの失策で潜水艦が存在すると思われる範囲を狭めてしまったのだからしばらくは忍の一字である。

艦内では可能な限り音を出さないように神経を使う。話す時でも何となくひそひそ話のようになり、艦内を歩く場合も通常でも床に防音マットを引いて、革靴ではなくスニーカーを使用しているのだが、さらに思わぬトランジェント・ノイズを出さないように抜き足差し足の感じで歩いている。食事は冷凍機を停止しているので、冷凍庫を開け閉めできない。念のためにと用意しておいた缶飯が役に立った。

乗組員も当直についている者以外、ベットに入って目を閉じて静かにしている。

長時間にわたってスノーケルが実施できないので艦内の空気も少しずつ汚れてくる。秀隆は酸素の消費と炭酸ガスの増加を抑制するため艦内禁煙を下令した。

全没してから大分経った時、機関長が、

「艦長、艦内の炭酸ガス濃度の計測を始めます」

と報告して来た。

空気の主な成分は約78パーセントの窒素、約21パーセントの酸素であり炭酸ガスはわずかで0・03パーセント程度である。炭酸ガス自体には特に毒性はないが高い濃度下にいると人体に深刻な影響を及ぼすようになる。炭酸ガスの濃度が上がってくると眠気が襲って来て、集中力が低下してくる。濃度が1・5パーセントで息切れが起こり、脈拍が増加する。3パーセントを超えると頭痛、吐き気、めまいが起こる。

潜水艦ではスノーケルの間隔が開いた場合、ある程度の時間が経過すると艦内各部の炭酸ガス濃度の計測を行う。これは計測器に検知管を装着し、計測器のピストンを引いて定められた時間、放置することで濃度を計測する。

新しい潜水艦になると艦内の空気を監視するシステムが導入されており、そのシステムで濃度を知ることができる。

では、炭酸ガス濃度が上がってきた場合、どう対処するのか。第1の方法はスノーケルを行って艦内の換気を行うことである。

艦内の炭酸ガス濃度のデータを見ていた機関長が、

「艦長、そろそろスノーケルを実施できればよいのですが」

「だいぶん、濃度が上がってきてるか？」

「このままだと、そろそろ炭酸ガス吸収の準備が必要です」

「よし、露頂して外の様子を見てみよう」

秀隆に命じられた哨戒長は静かに潜水艦を潜望鏡を出せる深度につけ、潜望鏡でさっと外の様子を確認した。

「視界内、目標なし。天気曇、波4、うねり3。ESM捜索はじめ」

ESMマストが上がっていく。

「ESM探知。ソノブイ搬送波。感2」

ソノブイ搬送波をESMが直接探知するということは、すぐ近くにソノブイがあり、明らかに潜水艦は航空機が敷設したソノブイの捜索網のまっただ中にいる。スノーケルどころの場合ではない。

潜水艦を深みに戻した秀隆は、

「機関長、スノーケルは無理だ。ソノブイ・フィールドの中にいると思われるから吸収装置を使用することも難しい。吸収剤でできるだけ炭酸ガス濃度の上昇を抑え、必要であれば酸素を放出しよう」

潜水艦にはアミン式探ガス吸収装置が搭載されている。アルカリ性のアミン液に炭酸ガスを吸収させるもので、吸収によってできた化合物を110度くらいに熱すると炭酸ガスを解離するのでこれを別の貯蔵槽に溜めたうえで艦外に排出するのである。

しかし、アミン式炭酸ガス吸収装置を運転するには当然、電力を必要とし電池を消耗する。どのくらい全没を強いられるか分からない状況では電池の容量1ポイントが血の1滴にも等しい。できるだけ電力の消費は抑えておきたい。

さらに、装置を運転することで発生する音が探知される可能性も否定できない。

今ひとつの方法として炭酸ガス吸収剤を使用する方法がある。吸収剤として水酸化リチウムが詰められた吸収缶が潜水艦に搭載されている。

アミン式吸収装置ほどには炭酸ガスの吸収を期待はできないが、最後の砦といった感じで炭酸ガス濃度の上昇をある程度は抑えてくれる。ただ、取り扱いが面倒である。吸収剤を各区画に散布したり、終わった後に吸収缶に戻す時に粉塵が舞い上がり作業に当たる者は咳き込みながら実施することになる。

一方、炭酸ガス濃度が上がるということは酸素濃度が下がることを意味する。空気中には約21パーセントの酸素があるが密閉された潜水艦艦内で乗組員が呼吸することで消費されていく。昭和47年に労働省が定めた酸素欠乏症等防止規則では酸素濃度が18パーセント未満を酸素欠乏と規定しており、酸素濃度を18パーセント以上に保つように換気することを定めている。そして換気する場合には純酸素を使用してはならないとも規定している。

しかし、行動中の潜水艦の艦内ではなかなか思うに任せないところがある。

いずれにしても酸素濃度が低くなってきた時には酸素を供給する必要があり、艦内に搭載されている酸素ボンベから危険がないように少しずつ艦内に放出していく。最後の砦としては酸素キャンドルと呼ばれる発生装置も搭載されている。新しい潜水艦ではスターリング・エンジン用に搭載している液体酸素を放出することも可能である。

時間が経過し、再度潜望鏡を出せる深度について状況を確認した。

依然、航空機の捜索レーダーを探知しているが感度は低くなっている。ソノブイの搬送波も探知できない。どうやら航空機の捜索範囲が移動していった模様である。

精密に状況を確認した秀隆はスノーケルの実施を決断した。艦内の空気も汚れてきている上、電池の容量も少なくなってきている。

「スノーケル用意、２機運転」

艦内に号令が響くとこれまでベットで逼塞（ひっそく）していた乗組員がごそごそと出てきて、特に喫煙者はいつ喫煙許可になるか期待のまなざしで発令所を伺っている。

「スノーケルはじめ」

主機が息を吹き返したように起動し、スノーケルが開始された。

異常がないのを確認して、

「換気を行う」

との放送が艦内に流れる。

油圧手はスノーケル・マストにある頭部弁を人為的に開閉して汚れた空気を主機に吸わせ、新鮮な空気を取り入れる。何度かこの作業を繰り返した後、

「喫煙許可」

の号令が流された。喫煙者はうまそうに紫煙をくゆらせ始めた。

窮地を脱して秀隆は与えられた任務を達成すべく、指定海域に向けて行動を続けていった。

指定海域は比較的陸地に近く、哨戒ヘリコプターの行動圏に入っている。

より広い範囲を哨戒機が捜索し、重点と見積もられた海域にはヘリコプターが投入されて濃密な哨戒が行われていると考えなければならない。

案の定、指定された海域に入ってくると、潜望鏡でヘリコプターが視認されるようになってきた。

「ピーン、ピーン」

すかさず、ソナーから報告が上がって来る。

「ソナー聴知、ヘリコプターの探信音。感2」

「潜望鏡、ヘリ視認。マーク。2機目、マーク。3機目、マーク」

「ヘリはいずれもディッピング中」

ディッピングとはヘリコプターがホバリングして搭載している吊下(ちょうか)式のソナーを海中に降

ろしていることである。

ヘリコプターは秀隆の潜水艦を取り囲むようにディッピングしてはいないので、潜水艦を探知しているわけではない。何かおかしいと感じた目標があったのか、あるいは探信音で潜水艦を驚かせて罠に追い立てようとしているのか。

いずれにせよ、触らぬ神にたたり無しである。

「潜望鏡、降ろせ」

さらに音の伝わり方が変わる層深の下へ深度変化し、同時に速力を上げて、ヘリコプターの探信を右艦尾方向に置くようにして現場を離れることにした。

ただ、ヘリコプターはソナーの吊下深度を変えることができるので層深の下に入ってもあまりメリットは得られそうにない。その上、全没しているとヘリコプターがソナーを引き上げてしまった時、その動きを把握することができなくなる。

そこで秀隆はある程度速力を使って遠ざかるように運動した後、再び潜水艦を潜望鏡を出すことのできる深度につけて、ヘリコプターの動静を観察した。

「2番のヘリ、飛行中。アングル・オン・ザ・バウ左90度」

「2番のヘリ、ディップした。ベアリング、マーク」

しばらくすると
「あっ、3番のヘリ、ブレイク・ディップ」

「3番のヘリ、移動を開始した。アングル・オン・ザ・バウ左150度」

このように3機のヘリコプターの動きを観察しながら、彼らの捜索軸から遠ざかるように運動して行った。

もちろん、この間にも時々全周を観測して哨戒機の動きがないかをチェックする。

こうして、航空部隊の捜索網の間をすり抜けて、指定された海域に到達した秀隆は任務を達成し、また、航空機の捜索を避けつつ定められたゴールに指定された時間内に到達した。

襲撃

「配置に付け、教練魚雷戦用意」

全乗員を戦闘配置に付けた秀隆は、襲撃チームに状況と意図を説明した。

「225度方向に複数の探信音を聴知。HVUの前程にいる護衛部隊と思われる。現在の解析では本艦はこの護衛部隊の陣形の正面やや左側にいる。本日の水測状況は層深が40メートル付近にあり、水面付近での探知距離は約3000ヤード、層深付近では約1500ヤードと予測される。

したがって、各護衛艦の間隔は比較的密であり、この間を突破するのはリスクが大きい。護衛部隊との間合いがあるうちに全没し、層深の下に入って、速力を使用して護衛陣形の左翼端を躱すように運動し、躱し終わったら露頂、HVUに接敵、攻撃する。

海上模様、波4うねり2。視程1万ヤード。HVUへの接敵時は本艦が太陽を背にする形になる」

フォークランド紛争の際、英国の原子力潜水艦「コンカラー」がアルゼンチンの巡洋艦「ヘネラル・ベルグラノ」を撃沈した時、当初は最新の有線誘導の「タイガーフィッシュ」魚雷が使用されたと報じられたが、後にMkⅧ魚雷が使用されたことが判明した。MkⅧ魚雷は第2次大戦中に十分な使用実績のある魚雷であり、「コンカラー」艦長は原子力潜水艦の優位性を利用し、最良の射点に到達することができると判断、その場合には実績が十分で信頼性のあるMkⅧ魚雷を選択したとされている。

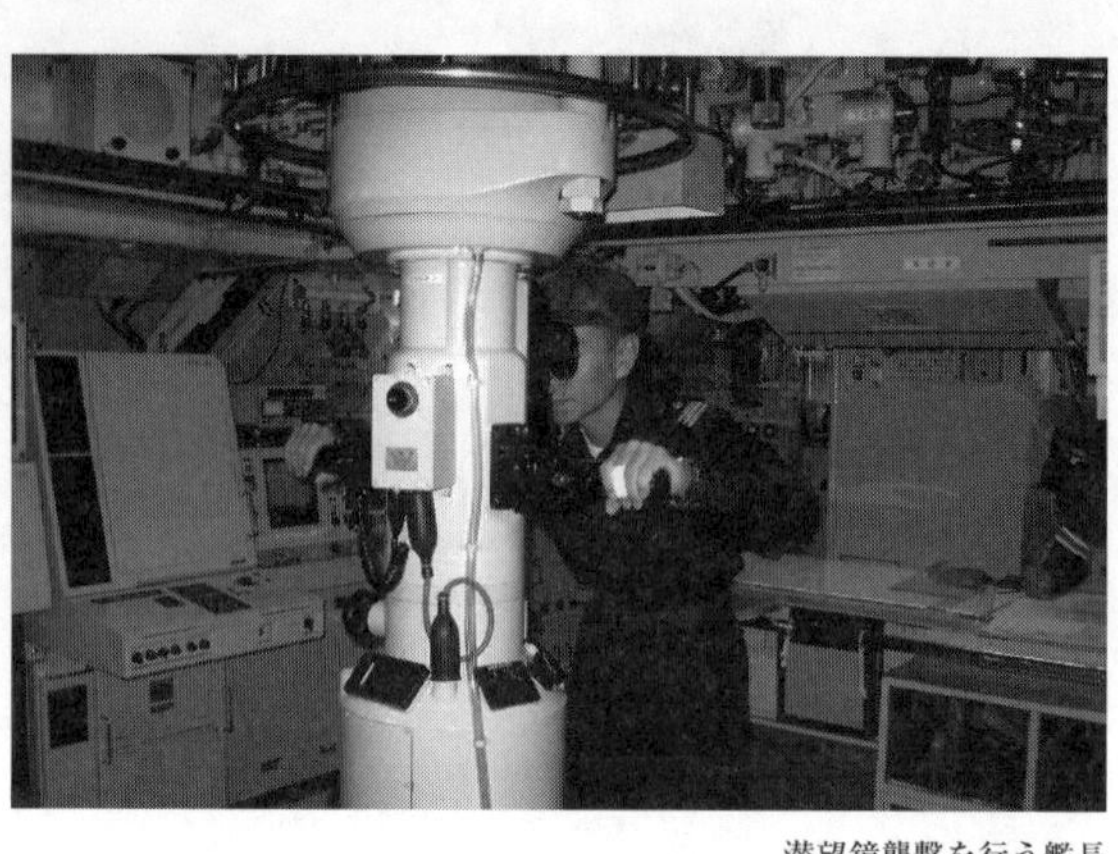

潜望鏡襲撃を行う艦長

このことからも理解できるように艦長として、目標運動解析に努める一方で、戦術状況を判断し、最良の射点に潜水艦を持っていかなければならない。

秀隆が採用した戦術をイメージしてみると左ページの上図のようなものである。

「攻撃の要領はHVUを確実に撃沈するため魚雷2本の命中を期する。サルボーで発射す

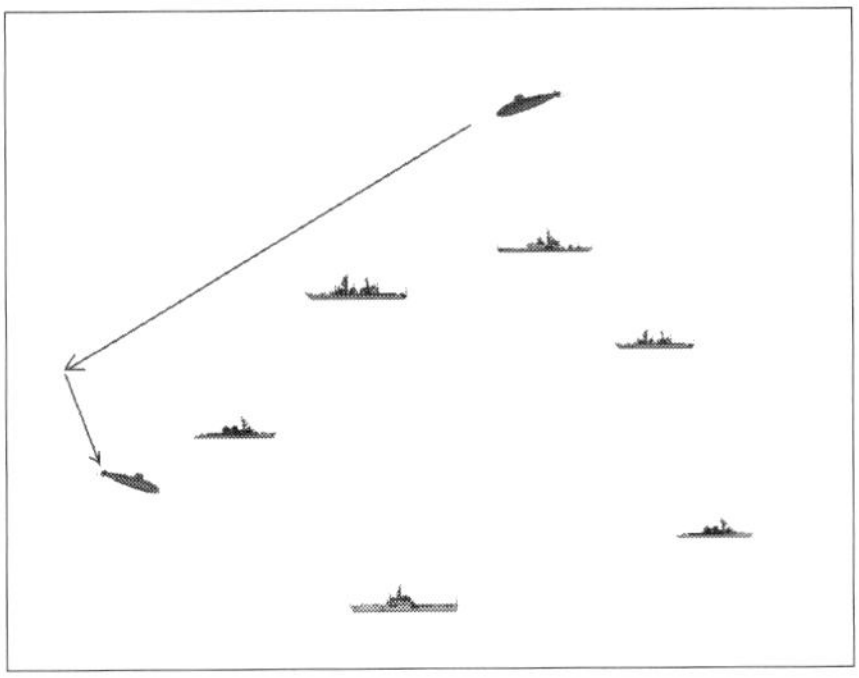

ると干渉する恐れがあるので、研究会において機関士が提起した射法を採用する。ＨＶＵは魚雷が命中すると反射的に命中した舷の反対側に舵を取ると思われる。その回頭した鼻先に事前に魚雷を待機させておけば干渉の問題をクリアして２本の命中を期すことができる。護衛の部隊を躱し、ＨＶＵの解析を始めたならば常に１本目の魚雷の発射要領および１本目と２本目との発射間隔を算出してリコメンドせよ」

「攻撃後の回避は、本日の水測状況からＨＶＵとの間合いが近くなると考えられることから、層深下に入ってそのままＨＶＵの航跡まで進み、航跡を逆に辿るように行う」

（筆者作成）

「質問？」

「運動を開始する。層深の下へ深度変換」

「おもーかーじ」

深さが層深の下に入ったのを確認した秀隆は、

「前進強速」

と増速を令した。

層深の下は、相手から探知されにくいが相手を探知することも困難である。

もし、目標の運動が変わったらという不安はつきまとうが、それに翻弄されず、確実に相手方の陣形の翼側を躱すことができる距離を獲得することに専念した。

「翼端の護衛艦の探信音、感2ないし3」

「複数の探信音、感1ないし2。感変わらず」

「翼端の護衛艦、CPA通過。距離約5000」

作図を注視していた船務長から報告があがる。

「前進微速」

「ソナー全周精密捜索」

「探信音の他、感なし」

「とーりかーじ。80度よーそろ」

「翼端の護衛艦に対しアスペクトを小さくする」

「露頂する」

潜水艦はゆっくりと層深の上に出る。

「ソナー探知。160度、推進器音、感2。HVUらしい」

「潜望鏡上げ!」

しゃがんで待つ秀隆の前に潜望鏡の対眼部が上がってくる。把手が床面を超えるとすぐに補佐の航海科員が開く。秀隆は目当てに顔をつけ、把手を握って潜望鏡の上昇に合わせて伸び上がりながら旋回する。

　下から見る限り、船の陰はない。

「潜望鏡出た」

　おおよそ、4分の1ほど回ったところで、

「潜望鏡降ろせ！」

「分割して観測する」

「潜望鏡上げ！」

「護衛艦視認。降ろせ！」

「護衛艦、アングル・オン・ザ・バウ左160度」

「潜望鏡上げ！」

　さらに旋回するとそこにHVUの姿が。

「HVU。ベアリング、マーク。ダウンスコープ」

「おもーかーじ」

　護衛艦に対しては艦尾アスペクトにし、同時にHVUを攻撃するのに適した針路に変針する。

「HVUを観測する。アップスコープ」

「ベアリング、マーク。レンジ、マーク。ダウンスコープ」

「アングル・オン・ザ・バウ左45度」

航海科員からは、

「距離、５３００」

すかさず副長から、

「発射時期近づく」

とのリコメンドが来る。

「１本目、２本目の調停よし」

水雷長からの報告。

観測回数は少ないが、ＨＶＵとの間合いは既に切っている。秀隆は決心した。

「ファイナル・オブザベーション。アップ・スコープ」

「ベアリング・マーク」「ダウン・スコープ」

「１本目、セット、シュート、ファイア」

発射キーが操作され、待ち伏せの任務を帯びた1本目の魚雷が発射管から走り出る。

「2本目、セット、シュート、ファイア」

必殺の2本目の魚雷が出て行く。

「連管、前扉閉鎖」

秀隆は回避のため深度変換を行うと同時に増速した。

回避運動を始めて間もなく、

「爆発音聴知、２本目命中」

ソナー室からの報告を聞くまでもなく、発令所のスピーカーからも直接爆発音を聞くことができた。さらに、

「爆発音。１本目命中」

待ち伏せの１本目の魚雷が功を奏した。ＨＶＵは思ったとおり、魚雷の命中によって減速し、命中した舷の反対方向に舵を取っていた。

実際の敵と対峙したときにこのようにうまく事が運ぶほど甘くはないだろう。

それでも襲撃は全艦が一つのチームとしてまとまり、それぞれの乗組員がそれぞれの配置において最高のパフォーマンスを示したときに初めて成功するものであり、訓練の場面とはいえ、襲撃に成功できたことに秀隆は艦長として満足感を味わっていた。

カバー写真：菊池雅之
帯写真：海上自衛隊
本文写真提供：海上自衛隊
川崎重工業（株）神戸工場
山内敏秀

山内 敏秀（やまうち としひで）
1948年、兵庫県生まれ。1970年、防衛大学校(第14期)卒業(基礎工学1専攻)。海上自衛隊入隊。1982年、海上自衛隊幹部学校指揮幕僚課程学生。1988年、潜水艦「せとしお」艦長。1996年、青山学院大学国際政治経済学研究科修了。2000年、防衛大学校国防論教育室教授。2004年海上自衛隊退官。現在は、太平洋技術監理有限責任事業組合理事(安全保障担当)兼防衛監理研究所所長。

潜望鏡上げ～潜水艦艦長への道～

2017年1月30日発行

著　者　山内敏秀
装　丁　明日修一
発行人　岩尾悟志

発行所　株式会社かや書房
〒162-0805
東京都新宿区矢来町113　神楽坂升本ビル3F
電話　03-5225-3732
FAX　03-5225-3748

印刷所　株式会社モリモト

乱丁・乱丁本はお取替えいたします。

Printed in Japan
ISBN 978-4-906124-77-0